工业汉语系列丛书

冶金设备

Metallurgical Equipment
Peralatan Metalurgi

主　编　张金梁　李亚东
副主编　蒋国祥　杨志鸿　卢　萍　张　文
　　译　杨俊飞　洪金菊

中国地质大学出版社
CHINA UNIVERSITY OF GEOSCIENCES PRESS

图书在版编目(CIP)数据

冶金设备:汉文、英文、印度尼西亚文/张金梁,李亚东主编;蒋国祥等副主编;杨俊飞,洪金菊译.—武汉:中国地质大学出版社,2023.6
(工业汉语系列丛书)
ISBN 978-7-5625-5601-5

Ⅰ.①冶… Ⅱ.①张… ②李… ③蒋… ④杨… ⑤洪… Ⅲ.①冶金设备-教材-汉语、英语、印度尼西亚语 Ⅳ.①TF3

中国国家版本馆 CIP 数据核字(2023)第 117749 号

冶金设备	张金梁 李亚东 **主 编**
	蒋国祥 杨志鸿 卢 萍 张 文 **副主编**
	杨俊飞 洪金菊 **译**
责任编辑:何 煦 选题策划:张 琰 何 煦 段 勇 周 阳	责任校对:张咏梅
出版发行:中国地质大学出版社(武汉市洪山区鲁磨路 388 号)	邮政编码:430074
电 话:(027)67883511 传 真:(027)67883580	E-mail:cbb@cug.edu.cn
经 销:全国新华书店	http://cugp.cug.edu.cn
开本:787 毫米×1092 毫米 1/16	字数:331 千字 印张:13.25
版次:2023 年 6 月第 1 版	印次:2023 年 6 月第 1 次印刷
印刷:湖北金港彩印有限公司	
ISBN 978-7-5625-5601-5	定价:68.00 元

如有印装质量问题请与印刷厂联系调换

前言

金属是国民经济发展的重要基础材料,是提升国家综合实力和保障国家安全的战略资源,是实现先进制造业强国的重要组成和支撑,同时也是战略性新兴产业中新材料产业的重要组成部分。随着"一带一路"倡议的推进,我国有色金属行业骨干企业持续加大境外资源的开发力度,积极参与国际竞争,充分发挥自身技术、资金、人才、装备等方面的优势,在矿山开采、选、冶等领域,打造绿色可持续发展的境外新型、国际化资源企业,建设了一批具有示范带动性的境外合作项目和标志工程,推动了所在国的经济社会发展,在国际产能合作领域取得了显著的成效,带动"中国设计""中国制造""中国标准"和"中国品牌"一同出海。本书的编写不仅能满足国际化、复合型、创新型冶金人才培养的需求,也能满足冶金技术类专业践行"一带一路"倡议、精准服务中资企业的需求。

本书介绍了现代冶金中最基本、最常用的设备,多数设备是近年来应用的新设备。本书突出冶金设备的实用性,从冶金原料进厂开始,依次介绍了散料输送设备、流体输送设备、冶金传热设备、完成冶金反应的设备、冶金产品产出所用的基本设备;重点介绍冶金过程涉及的设备及其结构、工作原理、特点和用途等,满足"一带一路"沿线冶金行业人员的学习需求。因此,本书既不同于一般的专业理论书,又不同于冶金设计手册。

在本书的编写过程中,张金梁担任第一主编,李亚东担任第二主编。具体编写分工为:第1章、第3章由张金梁、蒋国祥、卢萍编写,第2章由李亚东、杨志鸿和张文编写,全书由张金梁负责统稿和审定。

由于编者水平有限,书中难免有不妥之处,敬请广大读者批评指正。

编 者
2022 年 4 月

Foreword

The metal is a key basic material for developing the national economy, a strategic resource for enhancing the national comprehensive strength and safeguarding the national security, an important component and support for achieving an advanced manufacturing power, and also an important part of new materials in the strategic field. With the advancement of "the Silk Road Economic Belt and the 21st-Century Maritime Silk Road"(referred to as "the Belt and Road") Initiative, China's backbone enterprises in non-ferrous metal industry are increasing the development of overseas resources continuously, participating in international competition actively, and giving full play to their own advantages in technologies, capitals, talents and equipment, to build green and sustainable overseas enterprises with new and international resources in mining, minerd processing, smelting and other fields. A number of demonstrative overseas cooperation projects and benchmarking projects have been completed, to promote the economic and social development in the host countries, make remarkable progress in international cooperation on production capacity, and bring "Designed in China" "Made in China" "Chinese Standards" and "Chinese Brands" to the world. This textbook is prepared to not only speed up the training of international, comprehensive and innovative intelligent metallurgical technical personnel, but also practice "the Belt and Road" Initiative in the metallurgical industry for serving Chinese-funded enterprises accurately.

This textbook briefly introduces the most basic and commonly used equipment in modern metallurgy, most of which are new ones applied in recent years. This textbook highlights the practicality of metallurgical equipment, and introduces the bulk material conveying equipment, fluid conveying equipment, metallurgical heat transfer equipment, metallurgical reaction equipment, and basic equipment for metallurgical output, among which, the equipment involved in metallurgical process, as well as their structures, operating principles, features and usages are mainly introduced to meet the learning needs of metallurgical personnel along "the Belt and Road" line. This textbook is different from general professional theory books and the metallurgical design manuals.

In the process of writing this textbook, Zhang Jinliang served as the first editor and Li Yadong as the second editor, with the specific division as follows: Chapters 1 and 3 were prepared by Zhang Jinliang, Jiang Guoxiang and Lu Ping, Chapter 2 was prepared by Li Yadong, Yang Zhihong and Zhang Wen, and the final combination and the overall review were carried out by Zhang Jinliang.

Due to the limited capacities of editors, it is inevitable that there are some errors in this textbook, which are invited sincerely for comments and corrections from all readers.

All Editors
April, 2022

PRAKATA

Logam merupakan bahan dasar yang penting bagi pembangunan ekonomi nasional, sumber daya strategis untuk meningkatkan kekuatan komprehensif negara dan menjamin keamanan nasional, komponen dan penopang penting untuk mewujudkan negara yang kuat dalam industri manufaktur maju, dan juga merupakan bagian penting industri bahan baru dalam industri baru yang strategis. Dengan implementasi inisiatif "Satu Sabuk, Satu Jalan", perusahaan-perusahaan yang jadi tulang punggung industri logam non-ferro negara kami telah membangun sekumpulan perusahaan sumber daya jenis baru dengan skala internasional yang ramah lingkungan dan berkelanjutan di bidang pertambangan, pengolahan dan metalurgi dengan terus meningkatkan kekuatan dalam pengembangan sumber daya luar negeri, secara aktif berpartisipasi dalam persaingan internasional, dan secara sepenuhnya memanfaatkan keunggulan mereka sendiri dalam aspek teknologi, modal, sumber daya manusia (SDM) unggul, peralatan dan lainnya, dan membangun proyek kerja sama luar negeri dan proyek tengara yang bersifat demonstrasi dan pendorong, mempromosikan pembangunan ekonomi dan sosial negara dimana bisnis mereka berada, mencapai prestasi luar biasa di bidang kerja sama dalam kapasitas produksi internasional, dan membawa "Desain Tiongkok" "Buatan Tiongkok", "Standar Tiongkok" dan "Merek Tiongkok" bersama pergi ke luar negeri. Penyusunan buku ajar ini tidak hanya dapat membantu memenuhi kebutuhan untuk mempercepat pengembangan SMD unggul yang memiliki keterampilan teknis metalurgi pintar yang inovatif, lintas disiplin dan internasional, tetapi juga membantu memenuhi kebutuhan jurusan teknologi metalurgi untuk mempraktikkan inisiatif "Satu Sabuk, Satu Jalan" dan secara akurat melayani perusahaan-perusahaan yang didanai Tiongkok.

Buku ini secara singkat memperkenalkan peralatan yang paling dasar dan umum digunakan dalam bidang metalurgi modern, yang sebagian besarnya merupakan peralatan baru yang digunakan dalam beberapa tahun terakhir. Buku ini menyoroti kepraktisan peralatan metalurgi, dan mulai dari masuknya bahan baku metalurgi ke dalam pabrik berturut-turut memperkenalkan peralatan pengangkut bahan curah, peralatan pengangkut fluida, peralatan perpindahan panas selama metalurgi, peralatan untuk menyelesaikan reaksi metalurgi, dan peralatan dasar yang digunakan untuk produksi produk metalurgi; berfokus pada pengenalan peralatan yang terlibat dalam proses metalurgi, dan struktur, prinsip kerja, karakteristik dan kegunaannya, dll., agar memenuhi kebutuhan pembelajaran personel di industri metalurgi di sepanjang negara-negara "Satu Sabuk, Satu Jalan". Buku ini tidak hanya berbeda dengan buku teori profesional umum, tetapi juga berbeda dengan manual desain metalurgi.

Selama penulisan buku ini, Zhang Jinliang menjabat sebagai ketua penyunting pertama, dan Li Yadong menjabat sebagai ketua penyunting kedua. Di antaranya, Bab I dan Bab III ditulis oleh Zhang Jinliang, Jiang Guoxiang dan Lu Ping, Bab II ditulis oleh Li Yadong, Yang Zhihong dan Zhang Wen, dan Zhang Jinliang bertanggung jawab atas penyeragaman isi dan peninjauan umum.

Buku ini pasti masih memiliki kekurangan karena kemampuan saya yang terbatas, harap para pembaca bisa memberikan kritik dan saran dari karya ini.

Editor
April, 2022

目 录

1 绪 论 …………………………………………………………………………（3）
　1.1 金属及其分类 ……………………………………………………………（3）
　1.2 冶金及其方法 ……………………………………………………………（4）
　1.3 冶金主要单元过程 ………………………………………………………（5）
　1.4 冶金设备及分类 …………………………………………………………（5）

2 火法冶金主要设备 ……………………………………………………………（8）
　2.1 散料输送、给料设备 ……………………………………………………（8）
　2.2 烧结与焙烧设备 …………………………………………………………（17）
　2.3 熔炼与精炼设备 …………………………………………………………（21）
　2.4 炉渣及烟气处理设备 ……………………………………………………（30）
　2.5 高温熔盐电解槽 …………………………………………………………（35）

3 湿法冶金主要设备 ……………………………………………………………（37）
　3.1 流体输送设备 ……………………………………………………………（37）
　3.2 湿法混合反应器 …………………………………………………………（44）
　3.3 液-固分离设备 …………………………………………………………（48）
　3.4 电解设备 …………………………………………………………………（53）

主要参考文献 ……………………………………………………………………（56）

CONTENTS

1 Introduction ···· (59)

   1.1 Metals and Their Classification ···· (59)

   1.2 Metallurgy and Its Methods ···· (60)

   1.3 Main Metallurgical Unit Processes ···· (61)

   1.4 Metallurgical Equipment and Their Classification ···· (63)

2 Main Pyrometallurgical Equipment ···· (66)

   2.1 Bulk Material Conveying and Feeding Equipment ···· (66)

   2.2 Sintering and Roasting Equipment ···· (77)

   2.3 Smelting and Refining Equipment ···· (83)

   2.4 Slag and Fume Treatment Equipment ···· (93)

   2.5 High Temperature Molten Salt Electrolyzer ···· (98)

3 Main Hydrometallurgical Equipment ···· (101)

   3.1 Fluid Conveying Equipment ···· (101)

   3.2 Wet Mixing Reactor ···· (109)

   3.3 Liquid-Solid Separator ···· (115)

   3.4 Electrolytic Equipment ···· (121)

DAFTAR ISI

1 **Pendahuluan** ··· (127)

    1.1 Logam dan Klasifikasinya ·· (127)

    1.2 Metalurgi dan Metodenya ·· (128)

    1.3 Unit-unit Proses Utama Metalurgi ·· (130)

    1.4 Peralatan Metalurgi dan Klasifikasi ·· (131)

2 **Peralatan Utama Pirometalurgi** ·· (135)

    2.1 Peralatan Pengangkut dan Pengumpan Bahan Curah ························ (135)

    2.2 Peralatan Penyinteran dan Pemanggangan ·· (147)

    2.3 Peralatan Peleburan dan Pemurnian ·· (153)

    2.4 Peralatan Pengolahan Terak dan Gas Buang ···································· (165)

    2.5 Sel Elektrolisis Leburan Garam Suhu Tinggi ···································· (171)

3 **Peralatan Utama Hidrometalurgi** ··· (174)

    3.1 Peralatan Penghantar Fluida ·· (174)

    3.2 Reaktor Pencampur Hidrometalurgi ·· (183)

    3.3 Peralatan Pemisah Cair-padat ·· (189)

    3.4 Peralatan Elektrolisis ·· (196)

冶金设备

1 绪 论

1.1 金属及其分类

金属是具有金属光泽,可塑性、导电性及导热性良好的物质。在元素周期表中,除了金属元素之外,其他元素统称为非金属元素。迄今为止,人们已发现了118种元素,其中金属元素为97种。金属的发现和利用可追溯到5000年前。金属的分类是用工业分类法,这种分类法虽然没有严格的科学论证,但一直沿用至今。

按照现代工业习惯,我们把金属分为黑色金属和有色金属两大类:铁、铬、锰三种金属属于黑色金属,其余的都属于有色金属。有色金属按照其不同的性质和在自然界中的分布状态可分为重金属、轻金属、贵金属、稀有金属和半金属五类。有色金属的具体分类如表1-1所示。

表1-1 有色金属的分类

种类		金属	特点
重金属		铜、铅、锌、镍、钴、锡、锑、汞、镉、铋	密度大($7\sim11g/cm^3$)
轻金属		铝、镁、钠、钾、钙、锶、钡	密度小($0.53\sim4.5g/cm^3$)
贵金属		金、银和铂族金属(铂、铱、锇、钌、铑、钯)	地壳中含量少,提取困难,价格较高,密度大($10.4\sim22.4g/cm^3$),熔点高($1189\sim3273K$),化学性质稳定
稀有金属	稀有轻金属	锂、铷、铯、铍	密度小(仅为$0.53\sim1.859g/cm^3$),化学活性大。其氧化物和氯化物稳定,难以还原成金属。一般要用熔盐电解法或金属热还原法制取
	难熔稀有金属	钛、锆、铪、钒、铌、钼、钨、铼	熔点高(钛的熔点为1933K,钨为3683K),抗腐蚀性好,具有多种原子价
	稀散金属	镓、铟、铊、锗、硒、碲	极少独立成矿,以微量分散形态存在于其他矿物中。需要富集后才能冶炼成金属

续表 1-1

种类		金属	特点
稀有金属	稀土金属	钪、钇及镧系元素（从原子序数为 57 的镧到原子序数为 71 的镥，共 15 种元素）	物理化学性质非常相似，在矿物中多共生，分离困难
	放射性稀有金属	钋、钫、镭，锕系元素（锕、钍、镤、铀及人工制造的其他锕系元素），元素周期表中 104~116 号元素	具放射性，它们多共生或伴生在稀土矿物中
半金属		硼、硅、砷、碲	似金属或类金属，电导率介于金属和非金属之间，并且都具有一种或几种同分异构体，其中一种具有金属性质

1.2 冶金及其方法

冶金是一门研究如何经济地从矿石或其他原料中提取金属或金属化合物，并用各种加工方法将其制成具有一定性能的金属材料的科学。由于各种金属的矿物原料具有不同的性质，故冶金方法也各不相同，即采用不同的生产工艺过程和设备，从而形成了冶金的专门学科——冶金学。冶金学分为提取冶金学和物理冶金学两个分支。提取冶金学是研究从矿石中提取金属或金属化合物的生产过程。该过程由于伴随着化学反应，又被称为化学冶金。物理冶金学是通过成形加工制备具有一定性能的金属或合金材料，研究其组成、结构的内在联系以及在各种条件下的变化规律，为有效地使用和发展具有特定性能的金属材料服务。它包括金属学、粉末冶金、金属铸造、金属压力加工等。

从矿石或其他原料中提取金属的方法很多，可归结为以下三种。

(1) 火法冶金是指在高温下矿石经熔化、熔炼与精炼，金属和杂质分开，获得较纯金属的过程。整个过程可分为备料、冶炼和精炼三个工序。冶炼过程所需热能主要靠燃料燃烧供给，有的由反应过程释放的化学反应热来提供。

(2) 湿法冶金一般是指在 200℃ 以下，用溶剂处理矿石或精矿，使所提取的金属溶解于溶液中而其他杂质不溶解，然后再从溶液中将金属提取和分离出来的过程。该方法包括浸出、分离、富集和提取等工序。

(3) 电冶金是利用电能提取和精炼金属的方法，按电能形式可分为电热冶金和电化学冶金两类。

① 电热冶金。它是将电能转化成热能，在高温下提炼金属，其本质与火法冶金相同。

② 电化学冶金。利用电化学反应使金属从含金属的盐类水溶液或熔体中析出。前者称为溶液电解，如铜的电解精炼，可归入湿法冶金；后者称为熔盐电解，如电解铝，可归入火法冶金。

1.3 冶金主要单元过程

在金属提取生产实践中,各种冶金方法往往包括许多个冶金工序,如选矿、破碎、磨矿、筛分、干燥、煅烧、烧结、球团、焙烧、熔炼、精炼、浸出、液-固分离、净化、电解等。

(1)煅烧是指将碳酸盐或氢氧化物的矿物原料在空气中加热分解,去除 CO_2 或 H_2O 等,使之变成氧化物的过程。如石灰石煅烧成石灰,作为炼钢的溶剂;氢氧化铝煅烧成氧化铝,作为铝电解的原料。

(2)烧结和球团是粉矿或精矿经加热焙烧,固结成满足下一工序(熔炼)要求的多孔状或球状的物料的过程。例如,铁矿粉烧结造块、硫化铅精矿烧结焙烧等。

(3)焙烧是指将矿石或精矿置于适当的气氛下,加热至低于它们熔点的温度,发生氧化、还原或其他化学变化的过程。其目的是改变原料的化学组成,满足后续工序(熔炼或浸出)的要求。焙烧过程按控制气氛的不同,可分为氧化焙烧、还原焙烧、硫酸化焙烧、氯化焙烧等。

(4)熔炼是指将处理好的矿石、精矿或其他原料,在高温下通过氧化还原反应,使矿物原料中金属组分与脉石和杂质分离为金属(或硫)熔体和熔渣的过程。熔炼工序按作业条件可分为还原熔炼、造硫熔炼和氧化吹炼等。

(5)精炼是在高温下进一步处理上一工序得到的含有少量杂质的粗金属,以提高其纯度的过程,如炼钢、蒸馏、氧化精炼、硫化精炼、氯化精炼、熔析精炼、碱性精炼、区域精炼、真空冶金等。

(6)浸出是用适当的浸出剂(如酸、碱、盐等)选择性地溶解矿物原料的金属组分,使之与其他不溶组分初步分离的过程。

(7)液-固分离是将浸出处理后的液-固悬浮液分离成固相与液相的湿法冶金单元过程,包括重力沉降、离心分离、过滤等。

(8)净化是将矿物浸出单元中进入浸出液的杂质元素除去的湿法冶金单元过程。其目的是使杂质元素不至于影响下一工序对主金属的提取,包括结晶、蒸馏、沉淀、置换、溶剂萃取、离子交换、电渗析和膜分离等。

(9)溶液电解是将电能转化为化学能,使溶液中的金属离子还原为金属而析出,或使粗金属阳极经由溶液精炼沉积于阴极的过程。前者为电解沉积,后者为电解精炼。

(10)熔盐电解是利用电热维持熔盐所要求的高温,同时又将电能转化为化学能,从熔盐中还原金属的过程,如铝、镁、钠、钽、铍的熔盐电解生产。

1.4 冶金设备及分类

冶金设备是冶炼工艺的实现手段和载体,也是金属产品的制造工具和质量保障条件。

冶金工艺的变化和发展是冶金设备技术进步的主要推动力。同时,冶金设备的技术进步也能促进冶金工艺及产品的进步,甚至有时可能会因为设备研发滞后而导致某项新工艺技术长期处于"中试"甚至"概念"状态。

冶金设备投资约占企业总投资的一半以上,生产设备状况的优劣与产品的数量、质量、成本等有直接的关系。过去,人们往往重视产品的生产,而忽视生产设备管理,生产中往往不注意设备的维护、保养、检查、修理,甚至为了片面追求产量而使设备长期超负荷运转,造成设备破损,甚至丧失生产能力。如何把冶金企业中数量庞大、种类繁多的生产设备管好用好,是冶金工作者非常重要的工作,也是冶金学习者应掌握的知识技能。

目前可供开发利用的金属有铁、锰、铬、铝、铜、铅、锌、锡等60多种,每种金属的冶炼方法均不相同,而且同一种金属有时有多种生产流程,但从冶炼温度及物料干湿状态看,可归纳为火法(干法)及湿法两类过程。焙烧、煅烧、烧结、熔炼、吹炼、精炼、熔盐电解可视为火法过程。广义地讲,干燥及收尘也属此范畴。而湿法过程则包括搅拌及混合、浸出、沉淀、液-固分离、溶液电解、蒸发及浓缩、精馏、萃取、离子交换、吸收及吸附、解吸等单元过程。因此,冶金设备可分为火法冶金设备和湿法冶金设备两大类。

火法过程的设备主要是冶金炉窑、散料输送设备、收尘设备等。在现代冶金中,冶金炉窑是非常重要的,一种新的冶金炉窑往往就代表着一种新的冶炼方法,如闪速熔炼法、基夫赛特法、艾萨法、奥斯麦特法、高炉法、熔盐电解槽法等。冶金炉窑种类繁多,每种炉窑均是一个大系统,它包括炉本体和炉热工辅助系统两大部分。炉本体包括炉基、耐火砌体(炉顶、炉墙、炉底等)、保温砌体、支承加固结构、运转机构等。炉热工辅助系统通常包括加料装置、供风系统、排烟装置、供配电装置、炉体强制冷却与余热利用装置、自动检测与过程控制装置等。冶金炉窑通常可按用途、热源、加热方式、工作原理、结构特点、热工特性进行分类,如表1-2所示。

表1-2 常见冶金炉窑

分类依据	名称
用途	干燥炉、煅烧炉、焙烧炉、加热炉、氯化炉、熔炼炉、熔化炉、吹炼炉、精炼炉、热处理炉、熔析炉、还原炉、烟化炉、烧结炉、挥发炉、蒸馏炉、扩散炉
热源	自热炉、燃料炉、电炉
加热方式	火焰炉、倒焰炉、隔焰炉、盐浴炉、电阻炉、电弧炉、电子轰击炉、等离子体炉、矿热电炉、感应电炉
工作原理	沸腾炉、旋风炉、鼓风炉、闪速炉、底吹转炉、顶吹转炉、侧吹转炉、热空气循环炉、气垫炉、熔池熔炼炉、悬浮焙烧炉、高温熔盐电解槽
结构特点	回转窑、反射炉、多膛炉、竖井式炉、坩埚炉、罐式蒸馏炉、碳管炉、钨棒炉、钼丝炉、罩式炉、步进式炉
热工特性	简单炉灶型、加热炉型、高温反应器型

湿法冶金设备主要包括选矿设备、流体输送设备、湿法混合反应器、湿法冶金换热设备、液-固分离设备、萃取设备、离子交换设备、水溶液电解设备等。常见的湿法冶金设备如表1-3所示。

表1-3 常见的湿法冶金设备

类型	设备
流体输送设备	测速管、孔板流量计、文丘里流量计、转子流量计、离心泵、往复泵、旋转泵、通风机、鼓风机、压缩机、机械真空泵
湿法混合反应器	机械搅拌设备、气体搅拌设备、帕丘卡槽、鼓泡塔、空气升液搅拌槽、管道浸出器、反应釜、浸出槽
湿法冶金换热设备	管式换热器(列管式、套管式、蛇管式)、板式换热器、直接接触式换热器
液-固分离设备	沉淀池、沉降槽、离心沉降设备、过滤机
萃取设备	混合-澄清槽、萃取塔、离心萃取器
离子交换设备	树脂固定床离子交换柱、树脂移动床离子交换设备、树脂流化床离子交换设备
水溶液电解设备	电解槽

2 火法冶金主要设备

2.1 散料输送、给料设备

金属矿物在进入冶金过程处理之前,都必须经过一系列物理准备过程(如物料的干燥、配料、混合、润湿、制粒、制团、破碎、筛分等)和化学准备过程(如焙烧、烧结、挥发、焦结等)。物料经过这些处理,符合冶金过程的要求后,才能进入冶金炉或其他反应装置,以确保冶金过程正常进行,生产出合格的冶金产品。因此,物料的输送及给料在冶金生产的整个过程中起着重要的作用,它是实现现代化、自动化连续生产的必要条件之一。

在冶金工厂内,输送的物料主要是散粒物料(简称散料)。散料是指各种堆积在一起的块状物料、颗粒物料和粉末物料。

有色冶金工厂使用的输送、给料设备,参考国际标准 *Continuous handling equipment— Nomenclature*(ISO 2148-1974)的规定进行分类(图2-1)。下面介绍常用的散料输送、给料设备。

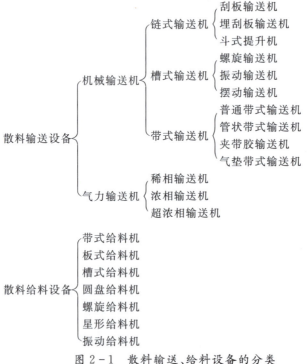

图 2-1 散料输送、给料设备的分类

2.1.1 散料输送设备

2.1.1.1 机械输送机

1. 链式输送机

1）刮板输送机

刮板输送机是最早出现的连续输送的设备之一。它是利用在牵引构件（如链条）上固定的刮板,将被输送的物料由各个刮板一小堆一小堆地沿着料槽移送,以实现连续输送。刮板平面与其运动方向垂直,槽内物料靠刮板一份份地刮着向前运动,因此具有这种承载构件的输送机叫作刮板输送机。刮板输送机主要分为通用型和可弯曲型两类。有色金属冶金工厂常用的刮板输送机多属于通用型,主要用来输送烧结块、返料、烟尘、干精矿和煤等。图2-2为通用型刮板输送机示意图。通用型刮板输送机是由牵引件,承载构件,槽体,驱动装置,张紧装置,装料、卸料装置以及机座等部分组成的。固定在牵引链条上的刮板随同牵引链条沿着固定在机座上的料槽一起运动,绕过端部的驱动链轮和张紧链轮,把料斗中的物料向前输送。牵引链条由驱动轮驱动,由张紧轮进行张紧。

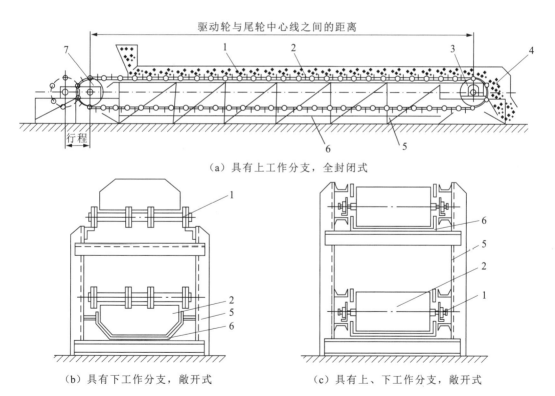

1—牵引件；2—刮板；3—驱动轮及传动装置；4—卸料口；5—机座；6—料槽；7—尾轮及张紧装置。

图2-2 通用型刮板输送机示意图

2）埋刮板输送机

埋刮板输送机是由刮板输送机发展起来的。它是在封闭断面的壳体内,利用物料内摩擦力大于外摩擦力的性质,借助于运动着的刮板链条连续输送散料。输送物料时,刮板链条全埋于物料中,故称这类刮板输送机为埋刮板输送机。尽管埋刮板输送机和刮板输送机一样,都是应用固定在链条上的刮板沿料槽输送物料,但是它们的输送原理却完全不同,因而在构造上也有较大的差异。埋刮板输送机主要由料槽、刮板链条、头部驱动装置及装料、卸料装置等部分组成。在结构上,埋刮板输送机与刮板输送机的不同之处主要是料槽和刮板链条。

3）斗式提升机

斗式提升机是一种沿垂直或倾斜路程输送散料的输送机,如图2-3所示。斗式提升机基本结构是将料斗固定在链条或胶带上,使其上下循环运动,从而将物料由低处提升到高处

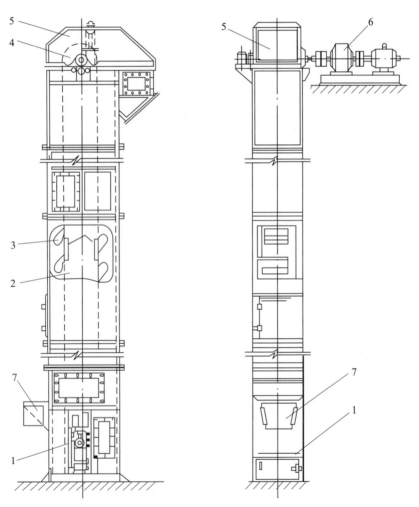

1.导向卷筒;2.挠性牵引件;3.料斗;4.驱动卷筒;5.机壳;6.驱动装置;7.装料口。

图2-3 斗式提升机示意图

卸下。所有链条(或胶带)及料斗均用金属壳体保护。因此,斗式提升机无论在室内或室外均可安装使用。

斗式提升机的作用是能在有限的场地内连续地将物料由低处垂直或倾斜地运送至高处。斗式提升机适合输送均匀、干燥的细颗粒散料,散料的粒度最好不超过80mm。通常斗式提升机提升的高度以30m为限,物料温度以65℃为限。但可设计特殊斗式提升机,使其提升高度达90m,物料温度达260℃以上。斗式提升机的缺点是维护费用高,维修不易,经常需停车检修。

2. 槽式输送机

1)螺旋输送机

在螺旋输送机中,散料借助螺旋旋转,在金属料槽内沿轴线方向移动。这种移动物料的方法被广泛用来输送、提升和装卸散料。螺旋输送机的特点是结构简单、造价低廉,可在输送机的任何地方装料和卸料,可实现密闭输送,必要时可充干燥或惰性气体保护。在相同的输送能力下,螺旋输送机的投资费用比其他输送机低,但动力消耗比其他类型的输送机大,且物料磨碎严重,必须均匀给料,否则容易造成堵塞现象。螺旋输送机的基本结构如图2-4所示。螺旋输送机适于输送各种粉状、粒状和小块状物料,不宜用来输送易变质的、黏性大的、易结块的、纤维状的以及大块状的物料。

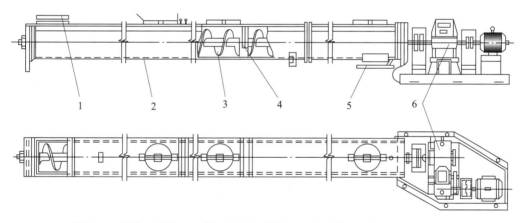

1. 装料口;2. 料槽(承载槽);3. 带有叶片的螺旋轴;4. 悬挂式轴承;5. 卸料口;6. 驱动装置。

图2-4 螺旋输送机示意图

2)振动输送机

振动输送机是利用振动技术使承载构件产生定向振动,推动物料前进以达到输送或给料的目的。振动输送机能输送的物料种类较多,从大的石块到粉状物料均可,也可输送磨琢性较强的、温度较高的物料。

振动输送机通常是安装在一个刚性结构架上,并由板弹簧或铰接支撑的槽体构成(图2-5),物料输送是借助机械或电磁的方法使槽体往复摆动。振动槽体对装在其上的散料的基本作用是向上和向前抛掷物料颗粒,使物料沿槽体以一系列跳跃运动的形式前进。

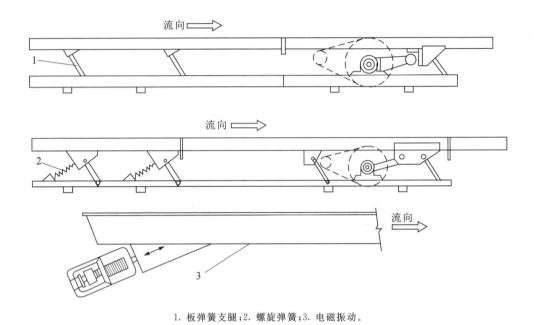

1. 板弹簧支腿；2. 螺旋弹簧；3. 电磁振动。

图 2-5　板弹簧支承的振动输送机示意图

3. 带式输送机

带式输送机是应用最广泛的一种具有挠性牵引构件的连续输送机。它由挠性输送带作为物料的承载构件和牵引构件，在水平方向和倾角不大的倾斜方向输送散粒物料，有时也用来输送大批的成件物品。带式输送机的工作原理：靠皮带的摩擦力把散料从一端运送到另一端，皮带的动力由电机提供，经过减速器、双卷筒机构传给皮带。

带式输送机的基本构造：作为牵引构件和承载构件的输送带是封闭的，主要支承在托辊上，并且绕过驱动滚筒和张紧装置中的张紧滚筒。驱动滚筒由驱动装置驱动旋转，输送带与驱动滚筒之间靠摩擦进行传动。而物料是由装载斗装到输送带上，并由卸载斗将物料卸下。另外，为了清除黏附在输送带上的物料，在驱动滚筒的下边装有清扫装置（图 2-6）。

2.1.1.2　气力输送机

利用气体的流动来进行固体物料的输送操作，称为气力输送。气力输送是使固体物料悬浮于气体中并随气流运动，借助高速气流输送粉状物料。当气体的操作速度大于极限速度（即固体颗粒的自由沉降速度）时，固体颗粒才能被气体带走。所以气力输送需要比较高的气流速度，这就造成摩擦压头损失较大，颗粒的磨损较快，输送管道的磨蚀也较厉害。为了使这些效应减少到最低程度，必须尽可能地保持较低的气流速度，但这个低限流速又受到固体颗粒从气-固混合物的流动中沉降出来的条件限制。按气流中固体颗粒的浓度分为稀相输送（悬浮输送）、浓相输送和超浓相输送。

2 火法冶金主要设备

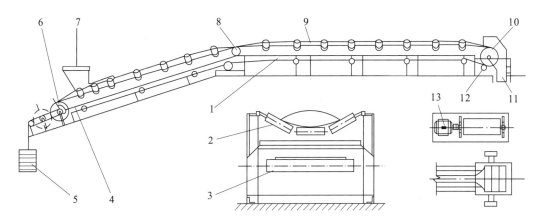

1. 机架;2. 上托辊;3. 下托辊;4. 空段清扫器;5. 重锤拉紧装置;6、8. 导向卷筒;7. 装载斗;9. 输送带;
10. 驱动滚筒;11. 卸载斗;12. 清扫装置;13. 驱动装置。

图 2-6 通用带式输送机简图

1. 稀相输送

当气流中颗粒浓度(体积比)在 $0.05 m^3/m^3$ 以下,固-气混合系统的孔隙率 $q \geqslant 0.95$ 时,称为稀相输送(悬浮输送)。稀相输送的主要设备是喷射泵,压缩空气直接作用于物料的单个颗粒上,使物料呈沸腾状态。稀相输送的特点是:固气比低,压缩空气耗量大,动力消耗大,而且物料流速快,致使管道磨损严重、维修费用高、物料破损率高。

2. 浓相输送

当气流中颗粒浓度在 $0.05 m^3/m^3$ 以上,固-气混合系统的孔隙率为 $0.05 < q < 0.95$ 时,称为浓相输送。气力输送时,以压缩空气作为动压力直接作用于原料的颗粒上,驱动其运动。从力的作用方式看,稀相输送由气动力驱动,而浓相输送是由压力容器产生的静压力移动物料进行输送。浓相输送中物料以沙丘移动式的流态化状态向前移动。产生这种浓相输送有两种形式,即脉动发生器单管浓相输送和双管浓相输送。与稀相输送相比较,浓相输送气流速度相对较低,运行技术性能更优越。

3. 超浓相输送

超浓相输送是指气流输送管道中固体浓度高于 $0.05 m^3/m^3$,且有明显固、气相界面的输送,为广义流态化。超浓相输送是继带式输送、稀相输送、斜槽输送之后发展起来的一种粉体输送技术。

与螺旋输送机、带式输送机等输送设备相比,早期在水泥生产上运用的"空气输送斜槽"具有无转动部件、无噪声、操作管理方便、设备轻、电耗少、设备简单、输送能力大、容易改变输送方向等优点;其缺点是输送物料受限制,它只能在一定斜度下才能输送,不能向上输送。空气输送斜槽的透气层可采用多孔板或多层帆布。在工艺布置允许的条件下,空气输送斜槽采用较大的斜度对输送有利,其斜度一般为4%～6%,采用闭路循环输送粗料时,建议斜度不小于10%。空气输送斜槽所需风机的风压,应大于多孔板(或帆布)的阻力与料层阻力之和。风压一般为0.034～0.058MPa;透气层选用帆布时可用低值,透气层选用多孔板或大规格、长斜值时可用高值,一般可按0.049MPa考虑。

超浓相输送完全克服了斜槽输送在排风布置上的缺点,它的原理是:超浓相输送时,颗粒移动由平衡料柱高处流向平衡料柱低处,靠透过帆布的气流吹动固体颗粒,使颗粒在管内滑动或滚动,由气流带动并在静压强驱动下移动,固-气间有明显的相界面,如图2-7所示。超浓相输送的特点是:体系为水平或倾角很小的输送,输送距离长时需要中继站;物流速度小,设备磨损小,寿命长,维修费低;固气比高,输送相同固体所需的压缩气体少,动力消耗低;系统排风自成体系,独立完成粉体输送,无机械运动;输送的粉体摩擦破碎少,粉尘率低。

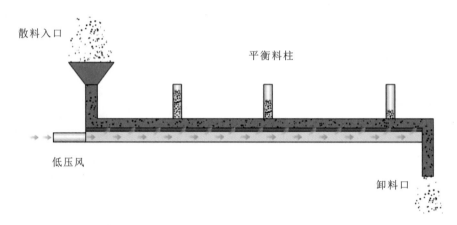

图2-7 超浓相输送原理示意图

2.1.2 散料给料设备

给料设备是一种比较短的输送设备,可用在储仓、筒仓或料斗的底部,排出物料,并将物料转运至输送机,或者用来调节进入加工设备的物料量,如破碎机、筛分设备、冷却机、干燥机或其他类型的设备。例如,带式输送机是一种连续输送散料的设备,当它在最大设计速度均匀装载时,系统就能达到最大的生产率。如果物料不规则地加到输送带上,将会出现空载或超载现象,这样就会降低它的输送能力,还可能使物料在超载部分的边缘溢出或沿途散落,因此使带式输送机系统达到最大利用率的关键是给料系统。一个好的给料系统必须要适应设备的操作,能将间断、不规则的加料转变成稳定、均匀的料流。

选择给料设备要考虑的因素有:被处理物料的物性和特点、物料的储存方式以及所需的给料能力。给料设备种类繁多,按照给料设备的工作原理分为直线运动式、回转式及振动往复式三种类型。有色金属冶金工厂常用的给料机有带式给料机、板式给料机、槽式给料机、圆盘给料机、螺旋给料机、星形给料机、电磁振动给料机及惯性振动给料机等。下文简介前面几种。

1)带式给料机

带式给料机是一种比较短的带式输送机,通常安装在储仓卸料口下方,承受料仓压力。一般输送带是水平的,而且支承在短间距的托辊上或光滑的衬板上,如图2-8所示。

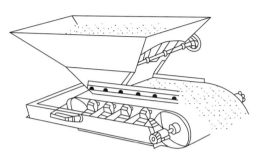

图2-8 带式给料机示意图

带式给料机的特点是结构简单,投资小,排料顺畅,给料量易调节,能耗较小,输送量大;最大优点是能够调节给料量。只要为带式给料机装上称量装置,并按照称量装置的设定值自动调节带速,就可获得所需的稳定给料量。缺点是占地空间大,胶带易磨损,物料易黏结,运输带不能处理大块物料,维修量较大。

带式给料机主要用于输送粉矿、煤、精矿等干细物料,物料含水率一般不大于5%;输送物料粒度小于50mm,对于非磨琢性物料,输送粒度可达100mm;物料温度一般低于70℃,最高不能超过150℃。

2)板式给料机

板式给料机(图2-9)的优点是给料能力强,给料均匀,结构强度大,耐冲击,能输送大块物料,能耐大的料仓料柱压力;缺点是设备质量大,占地空间大,投资大,维修工作量大,能耗大,运输费用高。

轻型板式给料机适用于输送粒度160mm以下的物料,中型板式给料机适用于输送粒度小于400mm的物料,重型板式给料机输送物料粒度可达1000mm。板式给料机可输送温度为500~600℃的高温物料。

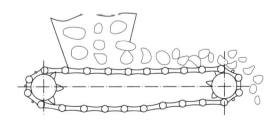

图2-9 板式给料机示意图

3)槽式给料机

槽式给料机(图2-10)的优点是结构简单,投资小,维护、运行费用低,物料适应范围广,块状、粉状、高温物料均可输送;缺点是给料均匀性差,给料量较小,易产生漏料,槽体磨损较快。槽式给料机的用途有:输送粒度小于 75mm 的物料,可用于输送非磨琢性物料,如煤、石灰石等;可输送温度为 500~600℃ 的高温物料,如焙砂、烧结返料等。

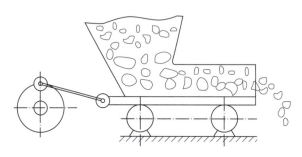

图 2-10　槽式给料机示意图

4)圆盘给料机

圆盘给料机(图 2-11)的优点是结构简单,坚固耐用,给料均匀,给料量易调节,操作方便,适用的物料范围广;缺点是投资费用较高,物料与槽盘易黏结。

圆盘给料机的用途有:用于各种细物料连续均匀的给料,对于有黏结性的物料(如有色金属精矿),其含水率应不大于 12%;可输送热物料。

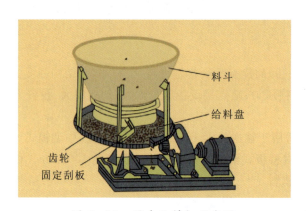

图 2-11　圆盘给料机示意图

5)螺旋给料机

螺旋给料机(图 2-12)的优点是结构简单,外廓尺寸小,易于密封,适用于易污染物料的给料,维修简单。缺点是能耗大,处理量小,工作部件磨损较大,适应的物料范围较窄,对物料会产生破碎作用。

螺旋给料机主要用于输送琢磨性较小的粉料、流动性较好的物料。螺旋给料机输送物料时,物料被迫移动,易碎物料容易粉碎,因而不适用。

2 火法冶金主要设备

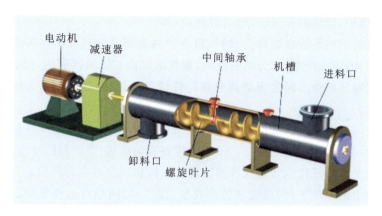

图 2-12 螺旋给料机示意图

6)星形给料机

星形给料机(图 2-13)的优点是结构简单,外廓尺寸小,密封性好,物料易于调节,操作方便;缺点是适用的物料范围较窄,给料量是波动的。星形给料机主要用于输送含水率 10% 以下的干粉散料,可输送温度在 300℃ 以下的散料。

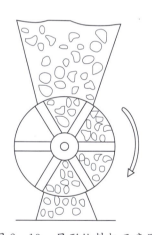

图 2-13 星形给料机示意图

2.2 烧结与焙烧设备

焙烧大多是为下一步的熔炼或浸出等主要冶炼作业作准备的,在冶炼流程中它常常属于炉料准备工序,但有时也可作为一个富集、脱杂、金属粉末制备或精炼过程。烧结和焙烧设备是实现这些冶金过程的重要保证。在焙烧过程中,绝大部分物料始终以固体状态存在,因此焙烧的温度以保证物料不明显熔化为上限。

焙烧技术有固定床、移动床、流态化和飘悬焙烧技术。焙烧设备主要有多膛炉、回转窑、流化床、飘悬焙烧炉、烧结机和竖炉（竖式焙烧炉）等。

固定床焙烧的炉料平铺在炉膛上，炉气仅与炉料表面接触，故气-固界面接触有限，热、质传递很不理想，因而生产率低，劳动强度大，烟气浓度低不便回收利用，但烟尘率低。多膛炉焙烧基本属固定床焙烧。固定床焙烧只在特殊情况下使用，如氧化锌尘脱氯、氟，高砷铜精矿脱砷焙烧等。

移动床焙烧因炉料靠重力或机械作用在焙烧时缓慢移动，而炉气则与炉料逆（顺）流或垂直地相对运动，故气、固间接触较好。常用的设备有烧结机、竖炉和回转窑等。

流态化焙烧又叫假液化床焙烧或沸腾焙烧。固体粉（粒）料在自料层底部鼓入的空气或其他气体均匀向上的作用下，料层变成流态化状，故气、固间相对运动很剧烈，热、质传递迅速，整个流化床层内温度、浓度梯度很小。有时为了强化过程又不致过分地提高烟尘率，精矿粉料会先经制粒后再加入炉内，故称制粒流态化焙烧。

飘悬焙烧因炉料飘悬在炉中，气、固间相对运动虽不及流态化焙烧剧烈，但气、固间热、质传递仍然很迅速，并且固体粒子间几乎不直接接触，所以允许采用更高的焙烧温度，以及允许在飘悬炉内存在一定的温度梯度和炉料的浓度梯度。

烧结的设备有烧结机、竖炉和链箅机-回转窑三种，以烧结机为主。现用的烧结机多为步进式烧结机和带式烧结机。竖炉是最早用来焙烧球团的设备。竖炉的规格以炉口的面积来表示，目前最大竖炉的横断面面积为 $2.5m \times 6.5m$（约 $16m^2$）。链箅机-回转窑由链箅机、回转窑和冷却机组合成。

2.2.1 流化床

现代冶金中大量使用颗粒或粉末状的固体物料作为原料。这些散料在加工、贮存、输送过程中与气体和液体物料相比有诸多不便之处。由于颗粒间内摩擦力的作用，在一定受力范围内，散料可以承受切向应力的作用。只有在切向应力超过一定限度后，散料才会与黏性流体一样产生剪切运动，并表现出一定的黏性。固体散料层与流体行为的不同，主要是由散料层的内摩擦力远大于流体的内摩擦力所致，所以只要能通过某种方式消除这一内摩擦力的作用，即可使散料层具有某种流体的特性。在流化床中，容器、固体颗粒层及向上流动的流体是产生流态化现象的三个基本因素，图 2-14 为一典型的流化床反应器。其中，容器、固体颗粒

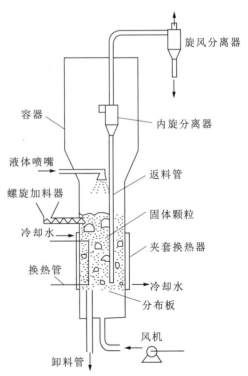

图 2-14 典型流化床反应器示意图

层、分布板及风机(或泵)是构成流化床反应器不可或缺的基本构件。

2.2.2 带式烧结机

带式烧结机(图2-15)是钢铁工业的主要烧结设备,它的烧结矿产量占全世界烧结矿的99%,具有机械化程度高、工作连续、生产率高和劳动条件好等优点。烧结机是由铺设在钢结构上的封闭轨道和在轨道上连续运动的一系列烧结台车组成的。带式烧结机主要包括头轮、尾轮、台车、点火器、预热炉、布料机、给料机和机尾摆架等。先将从烧结矿中分出的铺底料(粒级10~20mm)加在台车上,以保护台车箅条和减少废气含灰量;然后再将烧结混合料经布料机加到台车上,并保持规定的高度;同时进行抽风点火烧结,随着台车的前进,烧结过程由料层表面不断向下进行至机尾;烧结完成,台车翻转将烧结饼倾卸。空台车沿下部轨道运行至烧结机头部,再加料进行点火烧结,如此循环不断。烧结饼经破碎和筛出热返矿后,送至冷却机冷却。从料层中抽出的废气经台车下的风箱至集气总管和收尘装置,由抽风机排向烟囱。抽风烧结机本体主要包括:传动装置、台车、抽风装置、密封、机架和干油集中润滑系统。

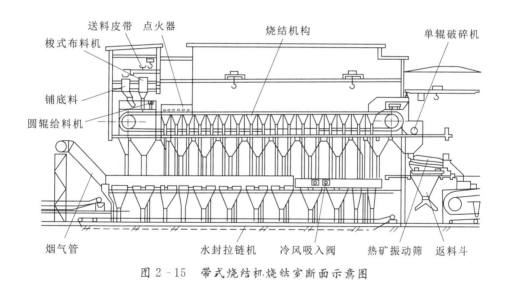

图2-15 带式烧结机烧结室断面示意图

2.2.3 竖炉

球团竖炉为矩形立式炉,基本结构如图2-16所示。中间是焙烧室,两侧是燃烧室,下部是卸料辊和密封装置。炉口上部是生球布料装置和废气排出口。焙烧室的宽度多数不超过2.2m,因为这样有利于生球和焙烧气流的均匀分布。

在竖炉中,冷却和焙烧在同一个室内完成。生球自竖炉上部炉口装入,在自身重力作用下,通过各加热带及冷却带,到达排料端。在炉身中部两侧设有燃烧室,燃烧室产生的高温

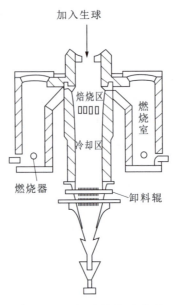

图 2-16 竖炉结构示意图

气体喷入炉膛内,对球团进行干燥、预热和焙烧,两侧燃烧室喷出的火焰容易将炉料中心烧透。在炉内初步冷却球团矿后的一部分热风上升,通过导风墙和干燥床,以干燥生球。

2.2.4 回转窑

回转窑是焙烧与烧结的设备。回转窑为稍微倾斜的卧式圆筒型炉,炉料一次装入,一边从旋转的炉壁落下一边搅拌焙烧,最后从出料端排出。回转窑由筒体、大齿圈、支撑装置、传动装置、窑头、窑尾、燃烧器及加料设备等部分组成,结构简图见图 2-17。

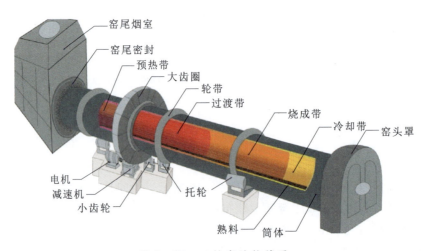

图 2-17 回转窑结构简图

2.2.5 链箅机-回转窑

链箅机-回转窑由链箅机、回转窑和冷却机组成,如图 2-18 所示。链箅机的结构与烧结机的大体相似,由链箅机本体、内衬耐火材料的炉罩、风箱及传动装置组成。链箅机本体由牵引链条、箅板、栏板、链板轴及星轮组装而成,风箱运转。整个链箅机由炉罩密封。

生球的干燥、脱水和预热过程在链箅机上完成,高温焙烧在回转窑内进行,而冷却则在冷却机上完成。链箅机装在衬有耐火砖的室内,分为干燥和预热两部分,箅条下面设风箱,生球经辊式布料机装入链箅机上,随着箅条向前移动,不需铺底料、边料。在干燥室生球被从预热室抽来的 250~450℃ 的废气干燥,干燥后废气温度降低到 30~180℃;然后干球进入预热室,被从回转窑出来的 1000~1100℃ 的氧化性废气加热,生球被部分氧化和再结晶,具有一定强度后,再进入回转窑焙烧。

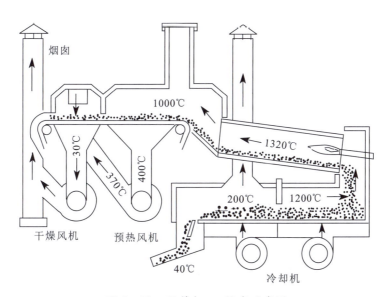

图 2-18 链箅机-回转窑示意图

2.3 熔炼与精炼设备

把金属矿物与熔剂熔化,完成冶金化学反应,实现矿石中金属与脉石成分分离的冶金过程叫作熔炼。熔炼是人们获得大多数金属的主要方法。各个金属的熔炼设备不尽相同。根据熔炼原理的不同,熔炼设备也截然不同。根据冶金目的的不同,熔炼设备有粗炼设备和精炼设备之分。

2.3.1 高炉

高炉炼铁生产所用主体设备如图2-19所示。高炉炼铁要实现正常生产,除了高炉本体外,还需配有辅助系统。

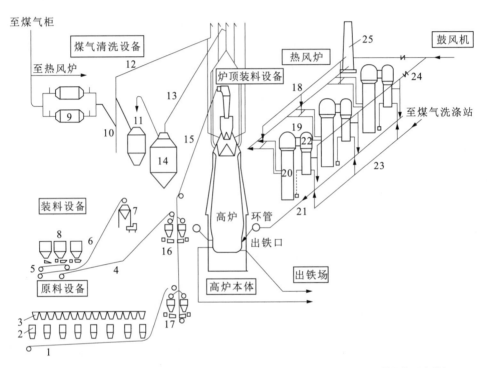

1. 矿石输送皮带机;2. 称量漏斗;3. 贮矿槽;4. 焦炭输送皮带机;5. 给料机;6. 粉焦输送皮带机;
7. 粉焦仓;8. 贮焦槽;9. 电收尘器;10. 顶压调节阀;11. 文氏管收尘器;12. 净煤气放散管;
13. 下降管;14. 重力收尘器;15. 上料皮带机;16. 焦炭称量漏斗;17. 矿石称量漏斗;18. 冷风管;
19. 烟道;20. 蓄热室;21. 热风主管;22. 燃烧室;23. 煤气主管;24. 混风管;25. 烟囱。

图2-19 高炉炼铁生产设备连接简图

现代炼铁高炉本体主要由炉缸、炉腹、炉腰、炉身、炉喉五部分组成,如图2-20所示。

2.3.2 电炉

电炉是一种利用电热效应所产生的热来加热物料,以实现预期的物理、化学变化的设备。由于电炉较易满足某些较严格和较特殊的工艺要求,因此被广泛用于金属的冶炼、熔化和热处理上,尤其是被广泛地应用于稀有金属和特种钢的冶炼与加工。电炉与其他熔炼炉相比较具有如下优点:电热功率密度大,温度、气氛易于准确控制,热利用率高,渣量小,熔炼金属的总回收率高等。

2 火法冶金主要设备

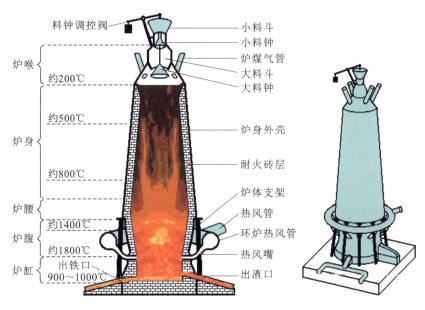

图 2-20 高炉本体的主要组成

按电能转变成热能的方式不同,电炉可分为电阻炉、电弧炉、感应炉、电子束炉、等离子炉五大类。在每大类中又按其结构、用途、气氛及温度等而分成许多小类,这里主要介绍电弧炉和矿热电炉。

电弧炉是利用电弧的电热来熔炼金属的。在电弧炉中,存在一个或多个电弧,靠电弧放电作用,把电能转变成热能,供给加热熔炼物料所需的热。由于电弧温度高,电热转变能力强,电热效率高,炉内气氛容易控制,炉子操作简单,所以电弧炉工业应用广泛,特别适合熔炼难熔材料和高级材料。图 2-21 为直流炼钢电弧炉结构简图。炉子有一通过炉顶中心、垂直安装的石墨电极作阴极,电极固定在电极夹持器里,而固定夹持器的柱子可沿转动台的导辊垂直移动。底电极是直流电弧炉的主要结构部件,其冷却槽露在炉壳外,控制系统和信号系统可以连续监视底电极状况,以保证设备的安全运行。

矿热电炉是靠电极的埋弧电热和物料的电阻电热来熔炼物料的,主要类型有铁合金炉、冰铜炉、电石炉、黄磷炉等。矿热电炉里物料加热、电热转换同时在料层中进行,属于内热源加热,热阻小,热效率高,一般电热效率为 0.6~0.8。物料熔化是电热转换和传热过程的综合效果。电热量虽可被物料充分吸收,但是要靠传热过程传递热量,才能实现物料熔化。矿热电炉一般由炉壳,钢结构,砌体,产品放出装置,加料装置,电极及电极升降、压放、导电装置,热工测量装置等组成。图 2-22 为一种连续作业式铁合金炉的结构简图。

2.3.3 转炉

炼钢转炉按炉衬耐火材料性质可分为碱性转炉和酸性转炉,按供入氧化性气体种类分

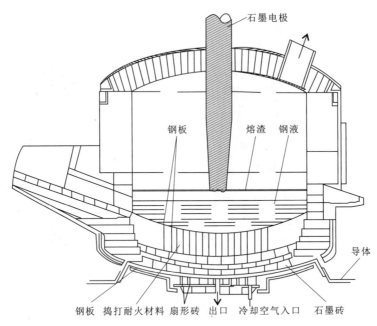

图 2-21 直流炼钢电弧炉结构简图

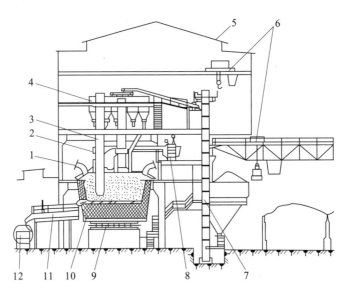

1.出气口;2.导电装置;3.电极;4.加料装置;5.厂房;6.行车;7.装料系统;
8.电炉变压器;9.炉体旋转托架;10.炉体;11.产品放出装置;12.装料桶。

图 2-22 连续作业式铁合金炉结构简图

为空气转炉和氧气转炉,按供气部位分为顶吹、底吹、侧吹及复合吹炼转炉,按热量来源分为自供热转炉和外加燃料转炉。氧气顶吹转炉炉体结构如图 2-23 所示。氧气顶吹转炉主要用于炼钢过程。

2 火法冶金主要设备

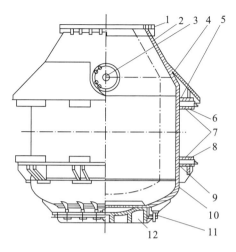

1. 炉口；2. 炉帽；3. 出钢口；4. 护板；5、9. 上、下卡板；6、8. 上、下卡板槽；7. 斜块；10. 炉身；11. 销钉和斜楔；12. 炉底。

图 2-23 氧气顶吹转炉炉体结构简图

卧式转炉多用于有色冶金，有卧式侧吹转炉(P-S)和回转式精炼炉两大类。卧式侧吹转炉用于吹炼铜锍（冰铜）成粗铜，吹炼镍锍成高冰镍，吹炼贵铅成金银合金，也可用于铜、镍、铅精矿及铅锌烟尘的直接吹炼。卧式转炉处理量大，反应速度快，氧利用率高，可自热熔炼，并可处理大量冷料，是铜冶炼中必不可少的关键设备。但卧式侧吹转炉为周期性作业，存在烟气量波动大、SO_2 浓度低、烟气外溢、劳动条件差及耐火材料单耗大等缺点。回转式精炼炉主要用于液态粗铜的精炼。精炼作业一般有加料、氧化、还原、浇铸四个阶段，可为铜电解精炼提供合格的阳极板。因此，回转式精炼炉一般又称回转式阳极炉。图 2-24 是一个卧式侧吹转炉的结构图。

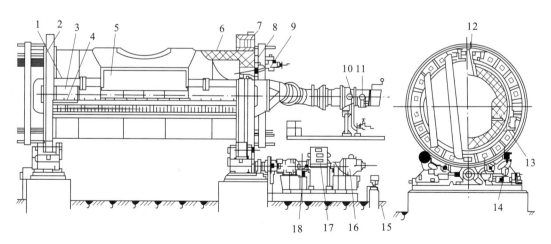

1. 转炉炉壳；2. 轮箍；3. "U"形配风管；4. 集风管；5. 挡板；6. 衬砖；7. 冠状齿轮；8. 活动盖；9. 石英喷枪；10. 填料盒；11. 闸；12. 炉口；13. 风嘴；14. 托轮；15. 油槽；16. 电动机；17. 变速箱；18. 电磁制动器。

图 2-24 卧式侧吹转炉结构简图

2.3.4 艾萨炉

艾萨熔炼主体设备有艾萨炉炉体、喷枪、余热锅炉、烧嘴、喷枪卷扬机等,辅助系统有供风、收尘、铸渣、铸铅、制酸等外围系统。艾萨炉是一种竖直状、钢壳内衬耐火材料的圆筒形反应器,见图2-25。

艾萨炉的炉顶为水平式炉顶盖,曾采用钢制水冷套或铜水冷套结构,现在逐渐改进为膜式壁水冷结构,成为与炉顶烟道口相接的余热锅炉的一个组成部分。炉体上部与烟道的接合部设有水冷铜水套阻溅板,以防止熔炼过程中的喷溅物直接进入烟道,在烟道中黏结。熔池部位有全衬铬镁砖和铬镁砖+水冷铜水套两种结构形式。炉顶盖开有喷枪插入孔、加料孔、排烟孔、保温烧嘴插入孔和熔池深度测量孔(兼取样)。炉体底部有熔体排放口,根据生产需要可以设置一个或多个排放口。

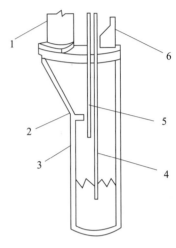

1. 垂直烟道;2. 阻溅板;3. 炉体;
4. 喷枪;5. 辅助燃烧烧嘴;6. 加料箱。

图2-25 艾萨炉示意图

2.3.5 闪速炉

闪速炉是一种典型的塔式熔炼设备,参与反应的主要是富氧空气和硫化铜(镍)精矿。反应物为气相和固相,而生成物是液相和气相,反应速度很快(1~4s);但反应物及生成物自由落体的加速度很大,在空中停留的时间很短。因此,为了保证这1~4s的反应时间,反应塔高度需在7.5m以上。

闪速炉是处理粉状硫化物的一种强化冶炼设备,20世纪40年代末由芬兰奥托昆普公司首先应用于工业生产。它由于具有诸多的优点而迅速被应用于铜、镍硫化矿造锍熔炼的工业生产实践中。目前,世界上已有近50台闪速炉在生产,其产铜量占铜总产量的30%以上。闪速炉熔炼具有如下优点:①充分利用原料中硫化物的反应热,因此热效率高、燃料消耗少;②充分利用精矿的反应表面积,强化熔炼过程,生产效率高;③可一步脱硫到任意程度,硫的回收率高,烟气质量好,对环境污染少;④产出的冰铜品位高,可减少吹炼时间,提高转炉生产率和寿命。但也存在如下不足:①对炉料要求高,备料系统复杂,通常要求炉料粒度在1mm以下,含水率在0.3%以下;②渣含铜量较高,须另行处理;③烟尘率较高。

闪速炉有芬兰奥托昆普闪速炉和加拿大国际镍公司氧气闪速熔炼炉两种类型。奥托昆普闪速炉由精矿喷嘴、反应塔、沉淀池及上升烟道四个主要部分及其他部分组成,如图2-26所示。

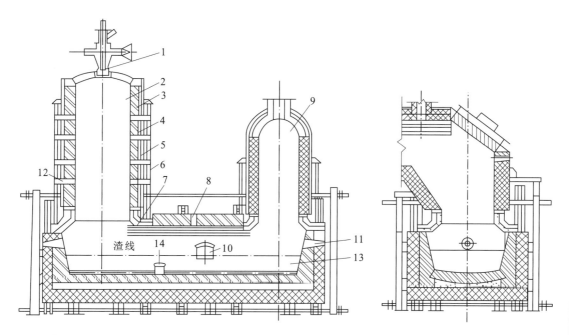

1. 精矿喷嘴；2. 反应塔；3. 砖砌体；4. 外壳；5. 托板；6. 支架；7. 连接部分；8. 加料口；9. 上升烟道；10. 放渣口；
11. 重油喷嘴；12. 铜水套环；13. 沉淀池；14. 冰铜口。

图 2-26 奥托昆普闪速炉示意图

2.3.6 鼓风炉

鼓风炉是竖炉的一种，是将含有金属组分的炉料（矿石、烧结块或团矿）在鼓入空气或富氧空气的情况下进行熔炼，以获得锍或粗金属的竖炉。鼓风炉具有热效率高、单位生产率（炉床能力）高、金属回收率高、成本低、占地面积小等特点，是火法冶金的重要熔炼设备之一。它曾经在铜、锡、镍等金属的冶炼中有着广泛的应用，但由于能耗较高，鼓风炉须采用昂贵的焦炭，其使用范围已逐渐缩小。目前在铅、锑冶炼中鼓风炉仍占有重要地位，如铅及铅锑的还原熔炼、铅锌密闭鼓风炉熔炼（ISP，imperical smelting process）、锑的挥发熔炼等都广泛使用鼓风炉。还有少数工厂仍采用鼓风炉进行铜的造锍熔炼。

按熔炼过程的性质，鼓风炉熔炼可分为还原熔炼、氧化挥发熔炼及造锍熔炼等；按炉顶结构特点，可分为敞开式和密闭式；按炉壁水套布置方式，可分为全水套式、半水套式和喷淋式；按风口区横截面的形状，可分为圆形、椭圆形和矩形炉；按炉子竖截面的形状，可分为上扩形、直筒形、下扩形和双排风口形炉。炼铅的鼓风炉结构较为简单，如图 2-27 所示。

2.3.7 AOD 炉

钢液的氩氧吹炼法简称为 AOD（argon oxygen decarburization）法，主要用于不锈钢的

冶金设备

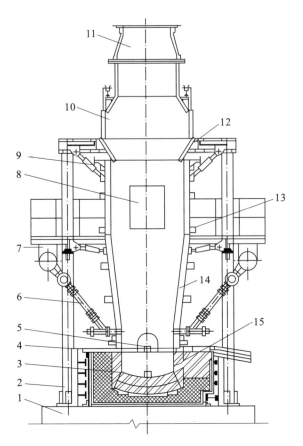

1. 炉基;2. 支架;3. 炉缸;4. 水套压板;5. 咽喉口;6. 支风管及风口;7. 环形风管;8. 打炉结工作门;
9. 千斤顶;10. 加料门;11. 烟罩;12. 下料板;13. 上侧水套;14. 下侧水套;15. 虹吸道及虹吸口。

图 2-27 炼铅鼓风炉示意图

炉外冶炼上。1968 年,史莱特不锈钢公司建成了世界上第一台 15t 的 AOD 炉。1983 年 9 月,太原钢铁(集团)有限公司(TISCO)建成了第一台 18t 国产 AOD 炉,1987 年又投产了第二台 AOD 炉。到 2007 年,世界上不锈钢总产量中有 70% 以上由 AOD 法生产。

AOD 法是利用氩气、氧气对钢液进行吹炼,一般多是以混合气体的形式从炉底侧面向熔池中吹入,但也有分别同时吹入的。在吹炼过程中,1mol 氧气与钢中的碳反应生成 2mol 一氧化碳,但 1mol 氩气通过熔池后没有变化,仍然作为 1mol 气体逸出,从而使熔池上部一氧化碳的分压力降低,这样就大大有利于冶炼不锈钢时的脱碳保铬。氩氧吹炼的基本原理与在真空下的脱碳相似,一个是利用真空条件使脱碳产物一氧化碳的分压降低,而氩氧吹炼是利用气体稀释的方法使一氧化碳分压降低,因此也就不需要装配昂贵的真空设备,所以有人把它称为简化真空法。

AOD 法设备主要由 AOD 炉本体、炉体倾动机构、活动烟罩系统、供气及合金上料系统等组成。AOD 炉及风枪简图见图 2-28。

2 火法冶金主要设备

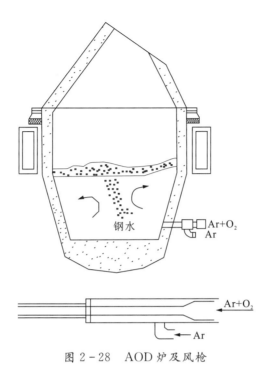

图 2-28　AOD 炉及风枪

2.3.8　LF 炉(钢包精炼炉)

LF(ladle furnace)法是日本大同特殊钢株式会社于 1971 年开发的,是在非氧化性气氛下,通过电弧加热、造高碱度还原渣,进行钢液的脱氧、脱硫、合金化等冶金反应,以精炼钢液。为了使钢液与炉渣充分接触,强化精炼反应,去除夹杂,促进钢液温度和合金成分的均匀化,通常从钢包底部吹氩搅拌。钢水到站后将钢包移至精炼工位,加入合成渣,降下石墨电极插入熔渣中对钢水进行埋弧加热,补偿精炼过程中的温降,同时进行底吹氩搅拌。它可以与电炉配合,取代电炉的还原期,能显著地缩短冶炼时间,使电炉的生产率提高;也可以与氧气转炉配合,生产优质合金钢。同时,LF 炉还是连铸车间,尤其是合金钢连铸车间不可缺少的控制钢液成分、温度及调整生产节奏的设备。LF 法因设备简单、投资费用低、操作灵活和精炼效果好而成为钢包精炼的后起之秀,在炉外精炼设备中已占据主导地位。

LF 炉(图 2-29)主要包括:钢包,电弧加热系统,底吹氩系统,测温取样系统,控制系统,合金和渣料添加装置,适应一些初炼炉需要的扒渣工位,适应一些低硫及超低硫钢种需要的喷粉或喂线工位,炉盖及冷却水系统,还有些 LF 炉中有为适应脱气钢种需要的真空工位。

冶金设备

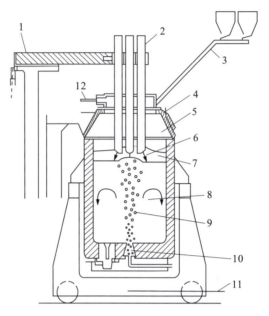

1. 电极横臂；2. 电极；3. 加料料槽；4. 水冷炉盖；5. 炉内惰性气氛；6. 电弧；
7. 炉渣；8. 气体搅拌；9. 钢液；10. 透气塞；11. 钢包车；12. 水冷烟罩。

图 2-29　LF 炉示意图

2.4　炉渣及烟气处理设备

2.4.1　烟化炉

烟化炉是向液态炉渣中鼓入空气和粉煤的混合物，使渣中的某些有价金属以金属、氧化物或硫化物的形态挥发出来的设备。烟化炉原是处理铅鼓风炉渣的设备。1962 年，中国用烟化炉处理炼锡炉渣，得到含锡 50% 左右的烟尘，使炉渣含锡量由 3% 降至 0.1% 以下。

在铅、锌、锡冶炼厂中，凡含有易挥发的有价金属及其化合物的物料，都可用烟化炉处理。用烟化炉处理铅、锌、锡炉渣的优点是：可利用熔融渣的热量、金属回收率较高、生产率高、操作简便、可用劣质煤或天然气作燃料。烟化炉的炉底、炉身、炉顶和出口烟道均由冷却水套构成，炉底铺砌一层耐火砖。烟化炉的燃料消耗较高，设置余热锅炉可回收大部分余热。

2.4.2 重力收尘器

重力收尘技术是利用粉尘颗粒的重力沉降作用而使粉尘与气体分离的收尘技术,是一种最古老、最简单的收尘方法。重力收尘装置又叫沉降室。其优点是:结构简单,维护容易;阻力小,一般为50~150Pa,主要是气体入口和出口处的压力损失;维护费用低,经久耐用;可靠性高,很少发生故障;能耐较高烟气温度。它的缺点有:收尘效率低,一般只有40%~50%,适于捕集粒径大于50 μm 的粉尘粒子;设备较庞大,占地面积大。重力收尘器只能捕集粗颗粒烟尘,多作为多级收尘的预收尘使用。储料仓(槽)以及带灰斗的大型烟道亦能起到惯性收尘器的作用。

以水平气流重力收尘器为例说明重力收尘器的工作原理。图2-30为含尘气体在水平流动情况下尘粒的重力沉降状态。在这种条件下,尘粒主要受到重力、浮力和沉降时阻力的作用。重力与沉降方向一致,浮力与沉降方向相反,两者的差值为尘粒的沉降力。尘粒受沉降力作用向下运动,由于介质阻力不断增加,很快与沉降力达到平衡。

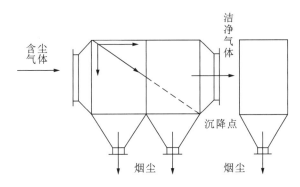

图2-30 尘粒重力沉降过程示意图

2.4.3 旋风收尘器

旋风收尘器是利用旋转的含尘气流所产生的离心力,将粉尘从气体中分离出来的一种气-固分离装置。旋风收尘器的优点是结构简单、性能稳定、造价便宜、体积小、操作维修方便、压力损失中等、动力消耗不大,可用于高压气体收尘,能捕集5 μm以上的烟尘,属于中效收尘设备。缺点是收尘效率不高,对于流量变化大的含尘气体收尘性能较差。设备阻力因结构形式和进口流速而异,高达3000Pa,收尘效率的高低与阻力大小成正比。此外,烟尘密度大、烟气含尘量高,收尘效率也随之提高。烟尘硬度大时,需考虑设备的耐磨问题。旋风收尘器由普通钢板制成,外部可耐450℃。

旋风收尘器一般由筒体、锥体、进气管、排气管和卸灰管等组成,普通旋风收尘器及内部气流如图2-31所示。旋风收尘器的收尘工作原理是基于离心力作用,其工作过程是当含尘气体由切向进气口进入旋风收尘器时,气流将由直线运动变为圆周运动。绝大部分旋转气流沿器壁自圆筒体呈螺旋形向下,朝锥体流动,通常称此为外旋气流。含尘气体在旋转过程中产生离心力,将相对密度大于气体的尘粒甩向器壁,尘粒一旦与器壁接触,便失去径向惯性力而靠向下的动量和向下的重力沿壁面下落,进入排灰口。旋转下降的外旋气体到达锥体时,因圆锥形的收缩而向收尘器中心靠拢,根据旋转矩不变原理,其切向速度不断提高,尘粒所受离心力也不断加强。当气流到达锥体下端某一位置时,会以同样的旋转方向从旋风收尘器中部由下反转向上,继续做螺旋形流动,即内旋气流。最后净化气体经排气管排出,一部分未被捕集的尘粒也由此排出。

自进气管流入的另一小部分气体则向旋风收尘器顶盖流动,然后沿排气管外侧向下流动,当到达排气管下端时即反转向上,随上升的中心气流一同从排气管排出,分散在这一部分气流中的尘粒也随之被带走。

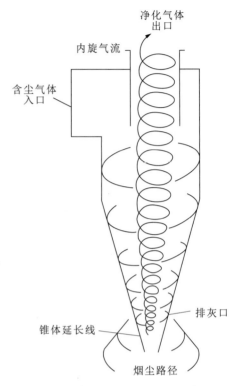

图 2-31 普通旋风收尘器及内部气流

2.4.4 袋式收尘器

袋式收尘器是一种利用有机或无机纤维过滤材料,将含尘气体中的固体粉尘过滤分离出来的一种高效收尘设备。因过滤材料多做成袋形,所以被称为袋式收尘器。袋式收尘器适用于捕集非黏结性、非纤维性的粉尘,处理气体的含尘质量浓度为 0.0001~200g/m³,粉尘粒径为 0.1~200 μm。质量浓度太高(>200g/m³)或粒径大于 200 μm 的粉尘,最好先经旋风收尘器收尘。

袋式收尘器的突出优点就是收尘效率高,属高效收尘器,收尘效率一般大于99%。袋式收尘器适应性强,烟尘性质对收尘效率影响不大,运行稳定。袋式收尘器与电收尘器相比,没有复杂的附属设备及技术要求,造价较低;与湿式收尘设备相比,粉尘的回收和利用较方便,不需要冬季防冻,对腐蚀性粉尘防腐要求较低。因此,袋式收尘器属于结构比较简单、运行费用相对较低的收尘设备而应用范围广泛,它的数量占收尘器总量的60%~70%。袋式收尘器不适宜处理含有易潮解、黏结性粉尘的气体。袋式收尘阻力较大,检查和更换滤袋的劳动条件差,尤其对含毒烟尘的收尘操作需要加强防护。图 2-32 为中部振打袋式收尘器的示意图。

2 火法冶金主要设备

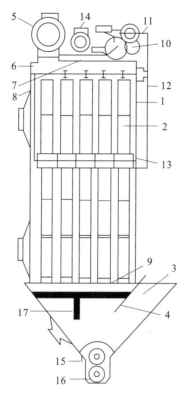

1. 过滤室；2. 滤袋；3. 进风口；4. 隔风板；5. 排气管；6. 排气管闸门；
7. 回风管闸门；8. 挂袋铁架；9. 滤袋下花板；10. 振打装置；11. 摇杆；
12. 打棒；13. 框架；14. 回风管；15. 螺旋输送机；16. 分格轮；17. 热电器。

图 2-32 中部振打袋式收尘器示意图

2.4.5 静电收尘器

静电收尘器是使含尘气体在高压电场中电离，尘粒或液滴荷电并在电场力作用下沉积于电极上，从而将气体中的粉尘或液滴分离处理的收尘设备，也称为电收尘器。静电收尘器与其他收尘器相比具有显著特点：几乎对各种粉尘、烟雾、直径极其微小的颗粒都有很高的收尘效率，收尘效率在99%以上，设备阻力小，运行费用低，耐高温高压、耐磨损，操作劳动条件较好，但基建费用高，操作管理技术要求严格。静电收尘器在冶金等行业被广泛应用。

静电收尘器的种类和结构形式很多，但都基于相同的工作原理。通常是由接地的板或管作收尘极（集尘极），在板与板中间或管中心安置靠重锤张紧的放电极（电晕线），构成收尘工作电极。工作时，在收尘器的两极上通以高压直流电，在两极间维持一个足以使气体电离的静电场，含尘气体进入收尘器并通过该电场时产生大量的正负离子和电子并使粉尘荷电，荷电后的粉尘在电场力的作用下向收尘极运动并在收尘极上沉积，从而达到净化收尘的目的。当收尘极上的粉尘达到一定厚度的时候，通过清灰机构使灰尘落入灰斗中排出。静电收尘的工作过程包括电晕放电、气体电离、粒子荷电、粒子的沉积、清灰等过程。

在静电收尘器的电场中,尘粒的荷电机理有两种:一种是电场中离子的吸附荷电,这种荷电机理通常被称为电场荷电或碰撞荷电;另一种则是由离子扩散现象产生的荷电过程,通常这种荷电过程为扩散荷电。尘粒的荷电量与尘粒的粒径、电场强度和停留时间等因素有关,一般电场荷电更为重要。图2-33为静电收尘器的基本工作原理示意图。

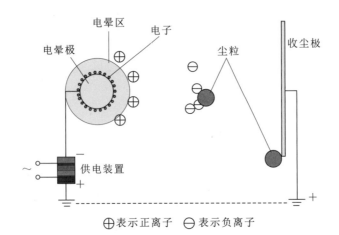

图 2-33　静电收尘器的基本工作原理示意图

静电收尘器通常包括收尘器机械本体和供电装置两部分,其中收尘器机械本体主要包括电晕极装置、收尘极装置、清灰装置、气流分布装置和收尘器外壳等。无论哪种类型,其结构一般都如图2-34所示。

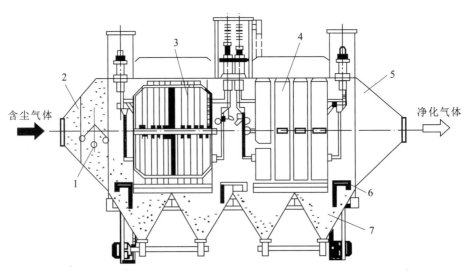

1. 振打器;2. 气流分布板;3. 电晕电极;4. 收尘电极;5. 外壳;6. 检修平台;7. 灰斗。

图 2-34　卧式静电收尘器示意图

2.5 高温熔盐电解槽

除了在电解质水溶液中进行的电解外,电解工程还包括另一大类,即在熔融盐电解质中进行的电解过程,称为熔盐电解。一些重要的工业金属,由于电极电位很负,不能从水溶液中的阴极还原析出,只能通过熔盐电解法进行生产,如碱金属锂、钠、钾,碱土金属铍、镁、钙以及产量极大的铝;此外,一些在水溶液中难以生产的金属,如钛、锆、钽、铌、钨、钼、钒等也用熔盐电解法进行生产,只是数量较少。熔盐电解也用于非金属的生产,其中最重要的是氟;另有一些非金属如硼、硅等,也可通过熔盐电解法制取。

金属铝的生产是高温熔盐电解的典型代表。自冰晶石—氧化铝熔盐电解炼铝方法于1888年用于工业生产以来,随着铝电解生产技术的不断发展、能源成本的不断上涨和环境保护要求的日趋严格,电解槽的结构和容量也发生了重大变化,并不断向大型化、自动化发展,其中最为明显的是阳极结构的变化。阳极结构的改进顺序大致是:小型预焙阳极→侧部导电自焙阳极→上部导电自焙阳极→大型不连续及连续预焙阳极→中部加工(下料)预焙阳极。

预焙阳极电解槽是先把阳极糊用成型机(振动或挤压)制成块状,预先在焙烧炉中焙烧好,再与铝导杆、钢爪等构件组装成阳极组(或叫阳极块);然后直接挂在电解槽的阳极母线上来进行生产。预焙阳极电解槽分为边部加工(下料)预焙阳极电解槽和大型中部加工(下料)预焙阳极电解槽,后者为目前铝电解生产的主流电解槽,其结构如图 2-35 所示。

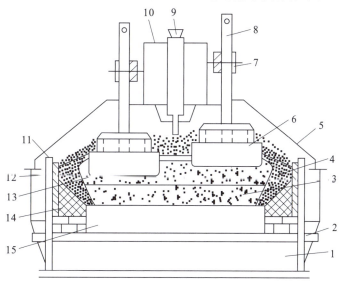

1. 槽底砖内衬;2. 阴极钢棒;3. 铝液;4. 边部伸腿(炉帮);5. 集气罩;6. 阳极炭块;7. 阳极母线;
8. 阳极导杆;9. 打壳下料装置;10. 支承钢架;11. 边部炭块;12. 槽壳;13. 电解质;
14. 边部扎糊(人造伸腿);15. 阴极炭块。

图 2-35 中部加工(下料)预焙阳极电解槽

中部加工(下料)预焙阳极电解槽采用点式下料器,每台电解槽有 3～6 个打壳下料装置,定期向槽中加料,具有工艺条件稳定、电解质中氧化铝浓度稳定的优点。电解槽上部结构简单,便于密闭和大型化,容易实现生产操作机械化和自动化,是一种具有较高电流效率、低能耗、高产量、高劳动生产率的槽型。同时,由于使用预先制备好的阳极炭块,生产中烟尘少,便于采用干式净化回收,有利于环境保护。

3 湿法冶金主要设备

3.1 流体输送设备

3.1.1 泵

液体输送是生产上最常遇到的操作之一。泵是输送液体并提高液体压力的机器,它在国民经济的各个部门中得到广泛的应用,尤其是湿法冶金生产中,其原料、中间产品和最终产品许多都是液体,必须用泵来进料、出料,以满足冶金工艺流程的要求。由于冶金过程中所输送液体的种类和性质不同,所需泵的结构和材料也不一样,因此常需选些特殊材质和特殊结构的泵来满足生产的要求。

1)离心泵

离心泵是冶金生产中典型的高速旋转叶轮式流体输送机械,它具有结构简单、操作简便、易于调节和控制、流量大而均匀等优点,约占冶金流体输送用泵的80%。离心泵有单吸、双吸,单级、多级,卧式、立式,低速、高速之分,按输送介质可分为水泵、耐腐蚀泵、油泵及杂质泵等。目前高速离心泵的转速已达到24 700r/min,单级扬程达1700m。我国单级离心泵的流量为$5.5 \sim 300 m^3/h$。

离心泵(图3-1)是依靠叶轮旋转时产生的离心力来输送液体的泵,其工作过程包括排液过程和吸液过程。离心泵的主体分为旋转部分和静止部分。旋转部分包括叶轮和泵轴,静止部分包括泵壳、轴封装置及轴承。

2)往复泵

往复泵是活塞泵、柱塞泵和隔膜泵的总称,是应用较广泛的容积式泵,属正位移泵。它是利用活塞的往复运动,将能量传递给液体以达到吸入和排出液体的目的。往复泵输送流体的流量只与活塞的位移有关,而与管路情况无关,但往复泵的扬程只与管路情况有关。

单动往复泵的结构如图3-2所示,主要由泵缸、活塞、单向吸入阀、单向排出阀等组成。活塞杆通过曲柄连杆机构将电机的回转运动转换成直线往复运动。工作时,活塞在外力推动下做往复运动,由此改变泵缸的容积和压强,交替地打开吸入和排出阀门,达到输送液体的目的。活塞在泵缸内可移动至左右两端的顶点(死点),两死点之间的活塞行程叫"冲程"。

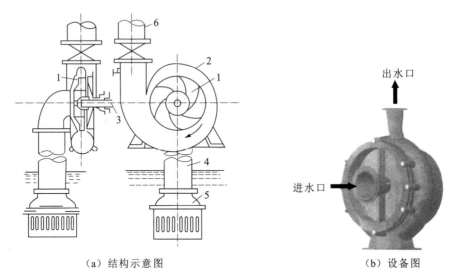

（a）结构示意图　　　　　　（b）设备图

1. 叶轮；2. 泵壳；3. 泵轴；4. 吸入管；5. 底阀；6. 压出管。

图 3-1　离心泵

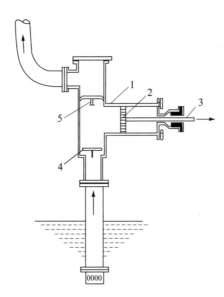

1. 泵缸；2. 活塞；3. 活塞杆；4. 吸入阀；5. 排出阀。

图 3-2　单动往复泵简图

3）旋转泵

旋转泵是利用泵内转子的旋转作用而吸入和排出液体的，又称转子泵。旋转泵的形式很多，工作原理大同小异，最常用的一种是齿轮泵（图 3-3）。它主要由椭圆形泵壳和两个齿轮组成。其中一个为主动齿轮，由传动机构带动；另一个为从动齿轮，与主动齿轮相啮合并随之向反方向旋转。当齿轮转动时,两齿轮的齿相互分开而形成低压将液体吸入,并沿壳壁推送至排出腔;在排出腔内,两齿轮的齿互相合拢而形成高压将液体排出。如此连续进行,以完成液体输送任务。齿轮泵压头高而流量小,可用于输送黏稠流体及膏状物,但不能输送有固体颗粒的悬浮物。

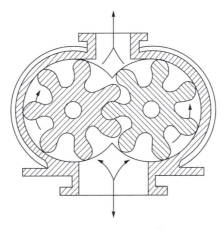

图 3-3 齿轮泵示意图

目前,冶金工业生产中离心泵的使用最广。这是由于它不仅结构简单紧凑,能与电动机直接相联,对地基要求不高,而且流量均匀,易于调节,可用各种耐腐蚀的材料制造,能输送腐蚀性、有悬浮物的液体。其缺点是扬程一般不高,没有自吸能力,效率较低。

3.1.2 气体输送设备

气体输送设备与液体输送设备的结构和工作原理大体相同,其原理都是向流体做功,以提高流体的静压力,但由于气体的可压缩性及比液体大得多,因此气体输送设备与液体输送设备具有不同的特点,气体输送设备体积大、压头高、结构更为复杂。气体输送设备除按工作原理及设备结构分类外,还可按一般气体输送设备产生的出口压力(表压)或压缩比来分类,如表 3-1 所示。

表 3-1 气体输送设备的分类

种类	出口压力(表压)	压缩比
通风机	≤15kPa	1~1.15
鼓风机	15~300kPa	<4
压缩机	>0.3MPa	>4
真空泵	常压	由真空度决定

1) 通风机

使用通风机可以达到流通空气,产生压力较高的气体和产生负压等目的。通风机主要有离心式和轴流式两种类型。轴流式通风机由于产生的风压很小,一般只作通风换气用。冶炼厂应用最广的是离心式通风机。离心式通风机按产生的风压大小可分为以下三种。

低压离心式通风机:风压≤1kPa(表压)。

中压离心式通风机:风压为 1~3kPa（表压）。

高压离心式通风机:风压为 3~15kPa（表压）。

离心式通风机的基本结构和工作原理与单级离心泵相似,如图 3-4 所示。它同样是在涡形机体内靠叶轮的高速旋转所产生的离心力,使气体压力增大而排出。

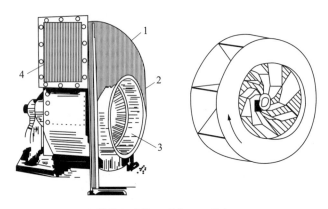

1.机壳 2.叶轮 3.吸入口 4.排出口。

图 3-4 离心式通风机及叶轮

2) 鼓风机

常用的鼓风机有离心式和旋转式两种。离心式鼓风机又称涡轮鼓风机或透平鼓风机,其基本结构和操作原理与离心式通风机相似。它的特点是转速高、排气量大、结构简单。但单级鼓风机由于只有一个叶轮,不可能产生较大的风压(一般小于 30kPa),故风压较高的离心式鼓风机一般是由几个叶轮串联组成的多级离心式鼓风机。

旋转式鼓风机种类较多,最典型的是罗茨鼓风机(图 3-5),工作原理与齿轮泵相似。罗茨鼓风机机壳内有两个特殊形状的转子,常为腰形或三角形。两转子之间、转子与机壳之间缝隙小,转子可自由旋转而无过多气体泄漏。两转子旋转方向相反,可使气体从机壳一侧吸入、另一侧排出。罗茨鼓风机的主要特点是风量与转速成正比,转速一定时,风压改变,风量可基本不变。此外,这种鼓风机转速高,无阀门,结构简单,质量小,排气均匀,风量变动范围大,可在 2~500m³/h 范围内变动,但效率低,其容积效率一般为 0.7~0.9。罗茨鼓风机的出口应安装稳压罐和安全阀,流量可用旁路调节,操作温度不宜超过 85℃,以防转子受热膨胀而卡住。

3) 压缩机

冶金生产中使用的压缩机主要有往复压缩机和离心压缩机两种。由于离心压缩机的基

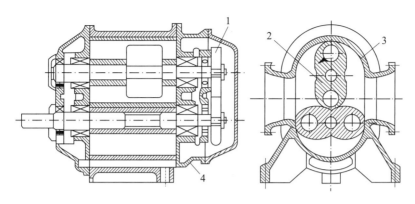

1. 同步齿轮；2. 转子；3. 气缸；4. 盖板。
图 3-5 罗茨鼓风机示意图

本结构和工作原理与离心式鼓风机完全相同，故下面着重介绍往复压缩机。

往复压缩机的构造和工作原理与往复泵相似。它主要由气缸、活塞、吸气阀和排气阀组成。图 3-6 为立式单动双缸压缩机示意图。机体内有两个并联的气缸，两个活塞连于同一曲柄上，吸气阀和排气阀都在气缸的上部。曲柄连杆机构推动活塞在气缸内做往复运动。气体可压缩、密度小，为移出由气体压缩而产生的热量，应在气缸壁上安散热翅片用以冷却缸内气体。

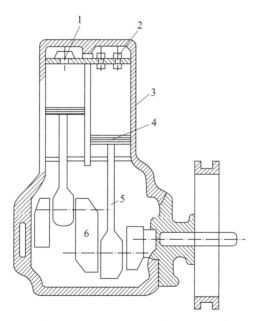

1. 排气阀；2. 吸气阀；3. 气缸；4. 活塞；5. 连杆；6. 曲柄。
图 3-6 立式单动双缸压缩机示意图

4)机械真空泵

从设备或系统中抽气,使其绝对压力低于外界大气压的机械称为真空泵。真空泵实质上也是气体压缩机,只是它入口压力低,出口为常压。真空泵的类型很多,按真空度可分为以下几种。

(1)低真空:压强(绝对压强)为 $1×10^5 \sim 100$ Pa,如湿式真空泵、机械真空泵、喷射式真空泵等。

(2)中真空:压强(绝对压强)为 $100 \sim 0.1$ Pa,如机械真空泵、喷射真空泵(如单级蒸汽喷射泵,图 3-7)等。

(3)高真空:压强(绝对压强)为 $0.1 \sim 1×10^{-5}$ Pa。如扩散泵-机械真空泵系统。

(4)超高真空:压强(绝对压强)$<1×10^{-5}$ Pa。如吸附泵-扩散泵-机械真空泵组成的多级系统。

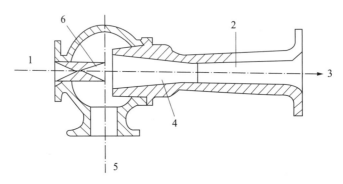

1.工作蒸汽;2.扩散管;3.压出口;4.混合室;5.气体吸入口;6.喷嘴。

图 3-7 单级蒸汽喷射泵示意图

3.1.3 仪表

流体的流速和流量都是工业生产中重要的参数。根据生产任务的要求,常需调节与控制流体的流量,故测定流量十分必要。测定流量常用的仪表有测速管、孔板流量计、文丘里流量计、转子流量计等。

1)测速管

测速管(图 3-8)又称皮托管,它由两根弯成直角的同心套管和"U"形管组成,内管壁无孔,套管端部环隙封闭,外管靠近端点的壁面处沿圆周开有若干测压小孔。为了减小涡流引起的测量误差,测速管的前端通常制成半球形。测量时,测速管管口正对管路中流体流动方向,内管及外管分别与"U"形压差计两端相连。

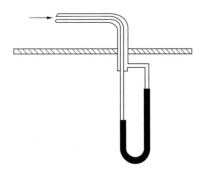

图 3-8 测速管示意图

2) 孔板流量计

孔板流量计(图3-9)属压差式流量计,是利用流体流经节流元件产生的压力差实现流量的测量。孔板流量计的节流元件是孔板,即中央开有圆孔的金属板。将孔板垂直安装在管路中,以一定取压方式测取孔板前后两端的压差,并与压差计相连,即构成孔板流量计。

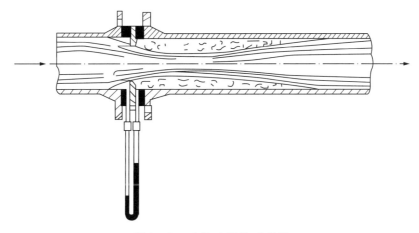

图3-9 孔板流量计示意图

3) 文丘里流量计

孔板流量计的主要缺点是能量损失较大。为了减小能量损失,可采用文丘里流量计,即用一段渐缩、渐扩管代替孔板,如图3-10所示。当流体流过时,由于逐渐收缩和逐渐扩散,流速变化平缓,涡流较少,故能量损失与孔板流量计相比大大减少。文丘里流量计的测量原理与孔板流量计相同,也属于差压式流量计。

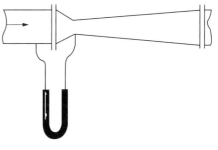

图3-10 文丘里流量计示意图

4) 转子流量计

转子流量计(图3-11)是由一段上粗下细的锥形玻璃管和管内一个密度大于被测流体的固体转子所构成。流体自玻璃管底部流入,经过转子和管壁之间的环隙,再从顶部流出。管中无流体通过时,转子沉于管底部。当被测流体以一定的流量流经转子与管壁之间的环隙时,由于流道截面减小,流速增大,压力必随之降低,于是在转子上、下端面形成压差,转子借此压差浮起。随转子的上浮,环隙面积逐渐增加,流速减小,转子两端的压差也逐渐减小。当转子上浮到某一高度时,转子两端面压差造成的升力恰好等于转子的重力,转子不再上升,并悬浮在该高度。

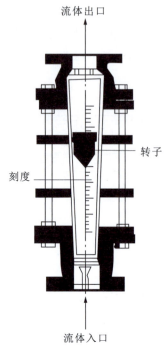

图 3-11 转子流量计示意图

3.2 湿法混合反应器

湿法混合反应器包括湿法搅拌混合反应器和管道反应器两类。湿法搅拌混合操作的主要过程是把液体盛装在一个容器内,利用浸没于液体中的旋转叶轮(搅拌器)或其他方式搅动流体,实现两种或多种物料间的均匀混合,加速传热和传质过程。完成这一混合操作过程的装置称为湿法搅拌混合反应器。湿法搅拌混合反应器又可分为两大类:一类是机械搅拌混合反应设备,即利用叶轮(搅拌器)旋转搅动液体实现搅拌混合;另一类是利用流体流动搅动物料实现搅拌混合,如气流搅拌混合设备。

3.2.1 浸出槽

湿法冶金生产过程中矿物的浸出是一个非常重要的过程,它通常包括:原料的磨矿、分级、浸出和矿浆的固-液分离。浸出设备通常包括搅拌浸出设备、高压浸出设备、渗滤浸出设备等。

1)机械搅拌浸出槽

其结构见图 3-12,主要由槽体、加热系统和搅拌系统组成。

3 湿法冶金主要设备

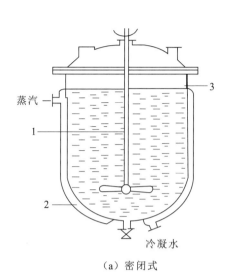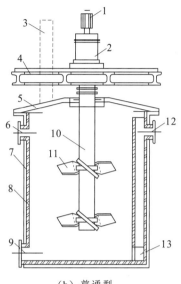

(a) 密闭式

1.搅拌器；2.夹套；3.槽体。

(b) 普通型

1.传动装置；2.变速箱；3.通风孔；4.桥架；5.槽盖；6.进液口；7.槽体；8.耐酸瓷砖；9.放空口；10.搅拌轴；11.搅拌桨叶；12.出液口；13.出液孔。

图3-12 机械搅拌浸出槽结构示意图

2) 空气搅拌浸出槽

其结构简图见图3-13。槽内有两端开口的中心管，压缩空气从中心管的下部导入，气泡沿管上升的过程中，矿浆由管的下部吸入并上升，由其上端流出，在管外向下流动，如此循环。相对于机械搅拌浸出槽而言，空气搅拌浸出槽的特点为结构简单、维修和操作简便，有利于气、液或气、液、固相间的反应，但其动力消耗大，约为机械搅拌浸出槽的3倍左右。此设备常用于贵金属的浸出。

3) 管道浸出器

其工作原理如图3-14所示。混合好的矿浆利用隔膜泵以较快的速度(0.5~5m/s)通入反应管，反应管外有加热装置对矿浆进行加热，在反应管的前部主要利用反应后矿浆的余热，用夹套加热，后部则用高压蒸汽加热到浸出所需的最高温度。因此矿浆在通过管道的过程中温度逐步升高并进行反应。由于矿浆快速流动，管内处于高度紊流状

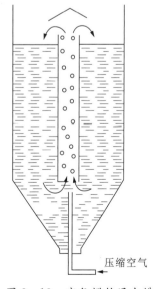

图3-13 空气搅拌浸出槽

态,管道反应器的特点是传质及传热效果良好,加上温度高,因而浸出效率高,一般反应时间远比搅拌浸出短。

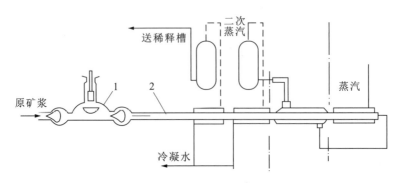

1—隔膜泵;2—反应管。

图 3-14 管道浸出器工作原理示意图

4) 流态化浸出塔

其工作原理如图 3-15 所示。矿物原料通过加料口加入浸出塔内,浸出剂溶液连续由喷嘴进入塔内,在塔内由于其线速度超过临界速度,因而固体物料发生流态化,形成流态化床,在床内由于两相间传质、传热条件良好,可迅速进行各种浸出反应。浸出液流到扩大段时,流速降低到临界速度以下,固体颗粒沉降,清液则从溢流口流出。为保证浸出的温度,塔可做成夹套通入蒸汽加热,亦可以用其他加热方式加热。

5) 反应釜

浸出速度一般随温度的升高而明显增加,某些浸出需在溶液的沸点以上的温度进行。对某些有气体参与反应的浸出过程,气体反应剂压力的增加有利于加快浸出过程,故在高压下进行的浸出反应称为高压浸出或压力溶出。高压浸出在高压釜内进行,高压釜的工作原理及结构与机械搅拌浸出槽相似,但它能耐高压,密封良好,若从设备上来说,它可归属于机械搅拌

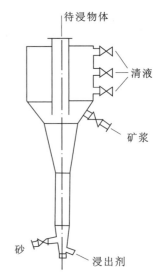

图 3-15 流态化浸出塔工作原理示意图

浸出。高压釜有立式及卧式两种,卧式釜的结构如图 3-16 所示。其材质与上述机械搅拌浸出槽相似。一般浸出槽分成数个室,矿浆连续溢流通过每个室,每室有单独的搅拌器。

3.2.2 净化槽

净化过程的主要设备是净化槽,有流态化净化槽和机械搅拌净化槽。

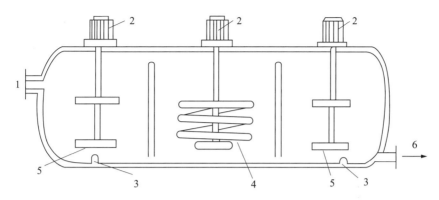

1.进料口；2.搅拌器与马达；3.氧气入口；4.冷却管；5.搅拌桨；6.卸料口。

图 3-16 卧式高压釜结构示意图

1) 流态化净化槽

湿法炼锌厂往往采用连续流态化净化槽（图 3-17）除铜、镉。锌粉由上部导流筒加入，溶液由下部进液口沿切线方向压入，在槽内螺旋上升，并与锌粉呈逆流运动，在流态化床内形成强烈搅拌而加速置换反应的进行。该设备具有结构简单、连续作业、能强化过程、生产能力大、使用寿命长、劳动条件好等优点。

2) 机械搅拌净化槽

一般机械搅拌净化槽容积为 $50 \sim 100 m^3$，但净化槽趋于扩大化，有 $150 m^3$ 及 $220 m^3$ 等。槽体材质有木质、不锈钢及钢筋混凝土。槽内搅拌器为不锈钢制品，转速为 $45 \sim 140 r/min$。机械搅拌净化槽可单个间断作业，也可几个槽作阶梯排列形成连续作业或用虹吸管连续作业。机械搅拌净化槽结构图见图 3-12(b)。

3.2.3 混合-澄清槽

湿法冶金中萃取设备几乎都是混合-澄清槽，其基本结构和工作原理分别如图 3-18 和图 3-19 所示。图 3-18 右边为混合室，用于两相混合，下面有假底。水相从右面进口进入混合室假底之下，有机相从有机相进口进入。搅拌混合成的两相混合液（常称为混合相），经溢流口由挡板导入澄清室，在重力作用下分相。分相后的有机相流向槽尾，从溢流堰上方流入水相室，再经溢流堰流出。搅拌器同时还作为泵抽吸液体，成为两相在各级中流动的动力，使有机相

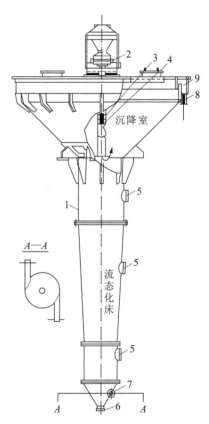

1.槽体；2.加料圆盘；3.搅拌机；4.下料圆筒；
5.窥视孔；6.放渣口；7.进液口；8.出液口；
9.溢流口。

图 3-17 流态化净化槽示意图

和水相在各级中逆流流动。混合-澄清槽的优点是易于放大、操作稳定性好,可以采用多种材料建造。缺点是占地面积大、液体积存量大。

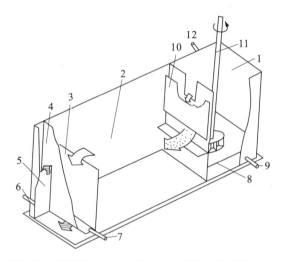

1.混合室;2.澄清室;3.溢流堰;4.水相室挡板;5.水相堰;6.水相出口;7.有机相出口;
8.假底;9.水相进口;10.混合相挡板;11.搅拌器;12.有机相进口。

图 3-18 混合-澄清槽的基本结构

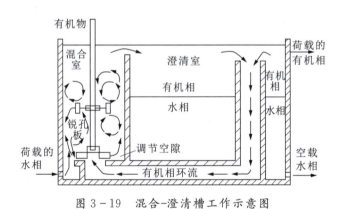

图 3-19 混合-澄清槽工作示意图

3.3 液-固分离设备

湿法冶金过程实质上是逐步分离物料中的有价金属,得到的产物一般都是固体和液体的混合物。如矿物原料(或冶金生产的二次物料)通过浸出处理后得到的产物是固体和液体的混合物——矿浆。这种混合物必须经过分离才能达到最终目的,即使杂质和主体金属分离。液-固分离,顾名思义指将混合物中的固相和液相分离。实际生产过程中液-固分离的方法很多,但按进行的原理可以分为浓缩和过滤两大类。

浓缩是利用固体、液体密度不同,使矿浆中固体粒子在重力作用下,从溶液介质中沉淀而使溶液得到澄清的过程。浓缩以后得到的固相,仍然是一种液固比为(2~4):1的浓泥,而有的上清溶液亦含有少量的悬浮物,故浓缩是矿浆进行液-固分离的初步作业。浓缩沉降过程有重力沉降和离心沉降两种方式。其中重力沉降的典型设备是浓密机。

3.3.1 浓密机

浓密机是完全由沉降来提高浓泥浓度并得到澄清液的工业设备。它由槽体、耙臂、传动装置、提升装置等部件组成。按传动方式不同,其分为中心传动浓密机和周边传动浓密机,大直径的浓缩采用周边传动方式;按槽的形状又分为锥底浓密机和斜底浓密机两种,生产过程应用最多的是锥底浓密机。中心传动的锥底浓密机的结构和浓缩过程如图3-20所示。

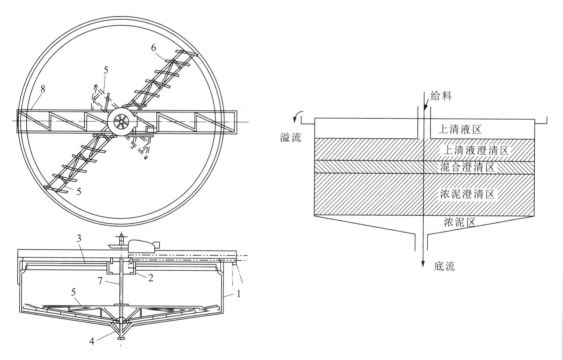

1.圆形槽体;2.进料口;3.溢流堰;4.卸料锥;5.耙;6.叶片;7.垂直轴;8.桁架。

图3-20 中心传动的锥底浓密机的结构及浓缩过程示意图

3.3.2 水力旋流器

水力旋流器(旋液分离器)是利用离心沉降原理分离悬浮液中固、液两相的设备,它也可作为分级设备使用。水力旋流器由圆筒部分和锥体部分构成,如图3-21所示。在圆筒上部有进料管沿切线方向将料浆导入,在圆筒中部有溢流口,锥体的尾部有排渣口,料浆进入之后在圆筒部分高速旋转,沿筒壁一边做圆周运动,一边向下运动,固体颗粒的密度较液体大,在旋转时受更大的离心力。颗粒沿器壁向下运动到达排渣口,成为底流而排出,清液由上部中心溢流口排出。水力旋流器的特点是圆筒直径小而圆锥部分长,小直径的圆筒有利于增大惯性离心力,提高沉降速度;同时,锥形部分加长可增大液流行程,从而延长悬浮液在器内的停留时间。

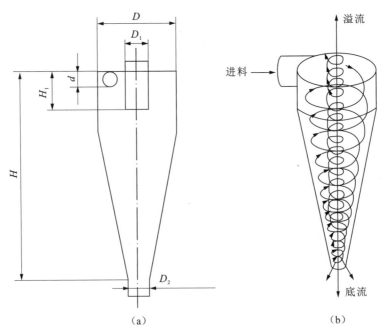

图3-21 水力旋流器示意图

D.圆筒直径;D_1.中心管直径;d.入口管直径;H.中心管高度;

H_1.水力旋流的高度;D_2.锥底出口直径。

3.3.3 过滤设备

重力沉降操作的时间较长,对于一些需要及时进行液-固分离的物料来说不能满足要求,且重力沉降分离得到的液体中悬浮的固体颗粒较多,而过滤操作则可使悬浮液的分离更迅速、更彻底。过滤是利用具有毛细孔的物质作为介质,在介质两边造成压力差,产生一种推动力,使液体从细小孔道通过,而悬浮固体则截留在介质上。过滤设备按照推动力的不同,可以分为加压过滤机、离心过滤机和真空过滤机。常见过滤机有以下几种。

1)板框压滤机

板框压滤机是间歇式过滤机中应用最广泛的一种。一般的板框压滤机由多个带凹凸纹路的滤板、中空的滤框交替排列而组成,每一滤板与滤框间夹有滤布,它们将压滤机分成若干个单独的滤室,通过转动机头螺旋使板框紧密接合,如图 3-22 所示。板框压滤机主要由压紧装置、头板、滤框、滤板、滤布、尾板、分板装置及支架等组成。滤板和滤框一般制成正方形,板和框的角端均开有圆孔,装合、压紧后即构成供滤浆、滤液或洗涤液流动的通道。

板框压滤机工作时原料液在压力作用下自滤框上的孔道进入滤框,滤液通过附于滤板上的滤布,沿板上沟渠自板上小孔排出,所生成的滤渣留在框内形成滤饼。当滤框被滤渣充满后,放松机头螺旋,取出滤框,将滤饼除去,然后将滤框和滤布洗净,重新装合,用于下一次过滤。

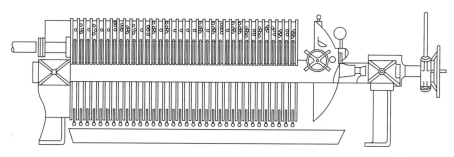

图 3-22 板框压滤机示意图

2) 厢式压滤机

厢式压滤机与板框压滤机的工作原理相同,外表相似,但过滤室结构不同。自动箱式压滤机如图 3-23 所示。它由尾板组件、滤板、主梁及拉板装置、振动装置、头板组件、压紧装置、滤液收集槽、滤布、液压系统组成。厢式压滤机滤板的棱状表面向里凹,以此来代替滤框,即将板框压滤机的滤板和滤框功能合并。

厢式压滤机工作时先将内凹滤板压紧,使滤板闭合形成过滤室,料浆通过中心孔进入滤室,各板间的滤室相串联。滤板上覆盖带有中心孔的滤布,滤布需在中心加料孔处固定于板上或与邻室的滤布中心孔相缝合。料浆由进料泵打入,滤液穿过滤布,经滤板上的小沟槽流到滤板下角出液口排出,当过滤速度减小到一定数值时,停止泵料。根据需要,可对滤饼进行洗涤、吹风干燥,然后将滤板拉开,滤饼靠自重或靠卸料装置卸出。

3) 离心过滤机

离心过滤是利用机械旋转产生的离心力来分离固、液两相的,离心过滤并不要求分离的液相和固相有密度差,因此可以处理用一般方法难于分离的悬浮液或乳浊液。离心过滤机的滤筐上有均匀分布的孔,在鼓内壁上覆以滤布,将悬浮液加入鼓内并随之旋转,液体受离心力作用被甩出而颗粒被截留在鼓内。离心过滤过程包括加料、过滤、洗涤、甩干和卸除滤饼 5 个过程。目前我国应用较广的是三足式过滤离心机,如图 3-24 所示。该离心机的转鼓垂直支承在 3 个装有缓冲弹簧的摆杆上,以减少因加料或其他原因引起的重心偏移。

4) 真空过滤机

真空过滤机过滤面的两侧,受到不同压力的作用,其接触料浆一侧为大气压,而过滤面

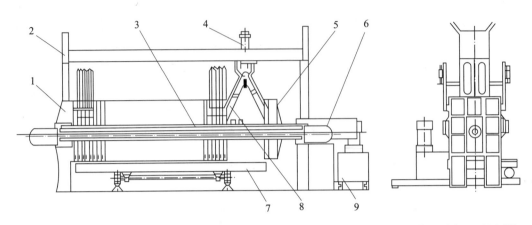

1.尾板组件;2.滤板;3.主梁及拉板装置;4.振动装置;5.头板组件;6.压紧装置;7.滤液收集槽;8.滤布;9.液压系统。

图 3-23　自动厢式压滤机

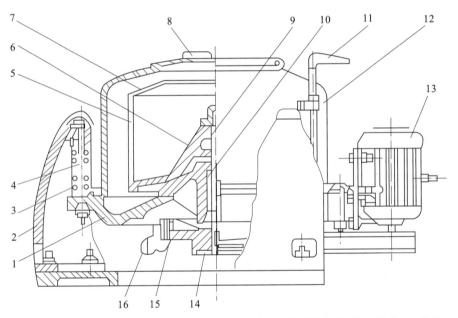

1.底盘;2.支柱;3.缓冲弹簧;4.摆杆;5.转鼓体;6.转鼓底;7.拦液板;8.机盖;9.主轴;10.轴承座;11.制动手柄;12.外壳;13.电机;14.三角皮带;15.制动轮;16.滤液出口。

图 3-24　三足式离心过滤机(上部卸料)

的背面与真空源相通,由真空设备(真空泵或喷射泵)提供负压形成抽力,滤液通过滤布时,其中的固体颗粒在滤布表面上形成滤饼,完成液-固分离。相比于加压过滤设备,真空过滤的推动力要小得多。湿法冶金中常用的真空过滤设备有转筒真空过滤机、圆盘真空过滤机、带式真空过滤机等。在湿法冶金中,使用最为广泛的是转筒真空过滤机。

转筒真空过滤机也称转鼓真空过滤机,是一种连续式过滤机。它生产能力强,机械化程度较高,对物料的适应性强。在连续式真空过滤机中,应用最广的是刮刀卸料式转筒真空过滤机,它属于侧部给料、外滤式设备。刮刀卸料式转筒真空过滤机主要由转鼓、料浆贮槽、搅拌装置、分配头、铁丝缠绕装置、传动系统组成,如图3-25所示。

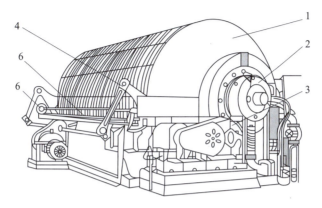

1.转鼓;2.分配头;3.传动系统;4.搅拌装置;5.料浆贮槽;6.铁丝缠绕装置。
图3-25 刮刀卸料式转筒真空过滤机结构示意图

3.4 电解设备

火法冶金过程获得的金属,其杂质含量可能达不到我们对该金属的使用要求,往往需要通过电解精炼来进一步除杂,以获得纯度更高的金属。用作电解精炼或电沉积的主体设备是电解槽,此外还有电解槽配套的供电系统、电解液循环系统等附属设备,其中供电系统包括变压器、整流器、输电线路等,电解液循环系统则包括加热器或冷却器、贮槽、泵及管道等。此外还有极板整形机组、极板准备机组、剥片机等其他重要的电解辅助设备。

3.4.1 电解槽

水溶液电解槽为长方形、无盖槽体,通常为钢筋混凝土槽体,有整列就地捣制、单槽整体预制等方式。近年来,新型聚乙烯整体槽得到广泛应用。电解槽被安装在钢筋混凝土横梁上,以防止电解液滴在横梁上造成腐蚀漏电,在横梁上先铺设厚3~4mm、比横梁每边宽出200~300mm的软聚氯乙烯保护板,然后在槽底四角垫有绝缘用的瓷砖及塑料板。电解槽体底部设有几个检漏孔,可以用来检查槽内衬是否损坏。

电解槽内衬铺设瓷砖或塑料板;槽长壁上设有母线,其上交互平行地垂吊着悬挂在导电杆上的阴极和阳极。根据电解液循环方式的不同,槽内有不同形态的进液管,出液端设有隔板用来调节液面,槽体外设有出液口。电解槽底部有一个或两个放液漏斗,供放出阳极泥或电解液用,漏斗塞用耐酸陶瓷或硬铅制成,中间嵌有橡胶圈密封,防止漏液。

通常电解槽由多个排成一列，两个相邻电解槽要留20～40mm的绝缘空隙，以防止槽与槽之间短路漏电。一般而言，电解槽的宽度由使用的阴极板尺寸决定，长度由每槽阴、阳极板块数和极间距决定。常见的几种水溶液电解槽结构见图3-26～图3-29。

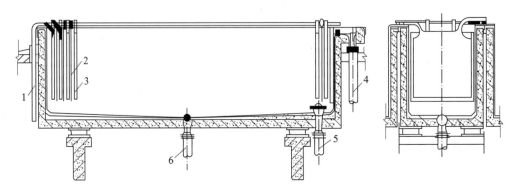

1.进液管；2.阳极；3.阴极；4.出液管；5.放液管；6.阳极泥管。

图3-26 铜电解槽结构简图

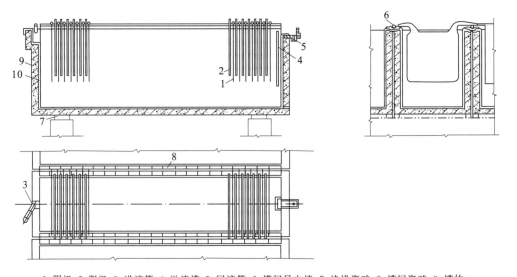

1.阴极；2.阳极；3.进液管；4.溢流槽；5.回液管；6.槽间导电棒；7.绝缘瓷砖；8.槽间瓷砖；9.槽体；
10.沥青胶泥衬里。

图3-27 铅电解槽结构简图

3.4.2 整流器

生活生产用的交流电需要通过整流器把它转变为直流电，才能用于水溶液电解槽电解生产金属。整流器一般有固定的型号，电解厂需要根据自己生产的实际电压、电流情况进行型号和台数的选择。根据选定的理论电流强度和计算的槽电压，在考虑富余系数后选定整流设备。

3 湿法冶金主要设备

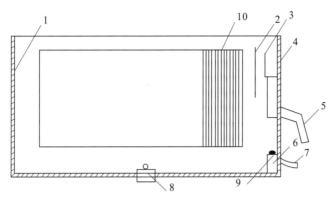

1.槽体(塑料板外衬钢框架);2.溢流袋;3.溢流堰;4.溢流盒;5.溢流管;6.上清盒;7.上清溢流管;8.底塞;9.上清铅塞;10.导向架。

图 3-28 锌电解槽结构图

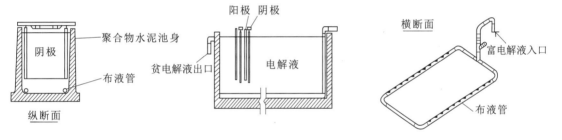

图 3-29 大型电解槽结构及布液情况

主要参考文献

蔺国盛,刘淑媛,2008.有色冶金萃取水相除油工艺及设备[J].中国有色冶金(4):26-29+46.

刘建宏,王启业,2021.冶金设备再制造技术应用及分析[J].冶金设备(1):47-50.

刘引锋,2022.我国冶金设备标准化工作的现状和发展[J].世界有色金属(15):1-3.

世伟家,彭俊超,白云峰,等,2023.冶金风机设备的典型故障诊断与分析[J].中国设备工程(4):14-16.

万葆生,1993.几种新型设备在湿法冶金厂的工业应用[J].矿冶工程(2):55-57.

王瑞,2021.冶金设备电气传动系统的智能控制分析[J].冶金管理(19):92-93.

夏超群,张友湖,2022.基于产教融合的冶金设备智能运维专业群建设探究[J].武汉工程职业技术学院学报,34(02):74-77.

朱云,2013.冶金设备[M].2版.北京:冶金工业出版社.

MAKARENKO V D , MAKSIMOV S YU , MAKARENKO YU V , et al.,2022. Study of Durable Strength of Steel Mining and Metallurgical Equipment[J]. Solid State Phenomena,332:111-121.

Metallurgical Equipment

1 Introduction

1.1 Metals and Their Classification

Most of metals show metallic luster and have many advantages, such as high plasticity, electrical conductivity and thermal conductivity. In the periodic table of elements, all elements other than metal elements are collectively called non-metal elements. So far, 118 elements have been discovered, including 97 metal elements. The discovery and usage of metals can be traced back to 5,000 years ago. The metals are classified with the industrial classification method, which has not been demonstrated scientifically but has been used currently.

In modern industry, the metals are traditionally classified into ferrous metals and non-ferrous metals: Fe, Cr and Mn are ferrous metals, and the remaining ones are non-ferrous metals. The non-ferrous metals are also classified into heavy metals, light metals, precious metals, rare metals and semi-metals by the properties and distribution in nature, as shown in Table 1-1.

Table 1-1 Classification of non-ferrous metals

Classification		Metal	Features
Heavy metals		Cu, Pb, Zn, Ni, Co, Sn, Sb, Hg, Cd and Bi	High density (7 – 11 g/cm^3)
Light metals		Al, Mg, Na, K, Ca, Sr, Ba	Low density (0.53 – 4.5 g/cm^3)
Precious metals		Au, Ag and Pt family metals (Pt, Ir, Os, Ru, Rh and Pd)	Low content in the crust, difficult extraction, high price, high density (10.4 – 22.4 g/cm^3), high melting point (1,189 – 3,273 K) and stable chemical properties
Rare metals	Rare light metals	Li, Rb, Cs and Be	Low density (only 0.53 – 1.859 g/cm^3) and high chemical activity. Their oxides and chlorides are stable and difficult to be reduced to metals. Generally, they are always prepared by molten salt electrolysis or metal thermal reduction method

Table 1-1(continued)

Classification		Metal	Features
Rare metals	Rare Refractory metals	Ti, Zr, Hf, V, Nb, Mo, W and Re	High melting point (melting points of Ti and W: 1933 K and 3683 K), good corrosion resistance and various valences
	Rare scattered metals	Ga, In, Tl, Ge, Se and Te	They are rarely independently mineralized and dispersed in trace amount in other minerals; they shall be enriched for the smelting process
	Rare earth metals	Sc, Y and La series elements (including 15 ones from La with the atomic number 57 to Lu with the atomic number 71)	They have very similar physical and chemical properties, coexist in minerals and are difficult to extract
	Radioactive rare metals	Po, Fr, Ra, Ac series elements and elements with the atomic numbers 104 – 116 in the periodic table of elements	They are radioactive, and most of them coexist or accompany with rare earth minerals
Semi-metals		B, Si, As and At	They are similar to metals, their conductivity is between metals and non-metals, they all have one or several isomers, one of which has metallic properties

1.2 Metallurgy and Its Methods

The metallurgy is a science to study how to economically extract metals or metal compounds from ore or other raw materials and make them into metal materials with certain properties with various processing methods. Because the raw materials of mineral for extracting various metals have different properties, there are also different metallurgical methods with different production processes and equipment, thus forming a specialized discipline—metallurgy. The metallurgy is divided into two branches of extraction metallurgy and physical metallurgy. The extraction metallurgy is involved in the production process of extracting metals or metal compounds from ore. Because this process is accompanied by chemical reaction, it is also called chemical metallurgy. The physical metallurgy is to prepare metal or alloy materials with certain properties by forming process, and study the internal relationship between their composition and structure and the changing law under various conditions, so as to effectively use and develop metal materials with specific properties. Therefore, it includes metallography, powder metallurgy, metal casting, metal pressure working and so on.

There are many methods used to extract metals from ore or other raw materials, which can be summarized into the following three types.

(1) The pyrometallurgy refers to the process of melting, smelting and refining ore at high temperature to separate metals from impurities and obtain relatively pure metals. The whole process is composed of three processes as follows: material preparation, smelting and refining. The heating energy required for the smelting process is mainly supplied by fuel combustion; in addition, a part may be from the chemical reactions in the process.

(2) The hydrometallurgy refers to the process of treating ore or concentrates with certain solvents at room temperature or below 100℃ to dissolve the metal to be extracted (all impurities are not dissolved) in the solution, and then separating and extracting the metal from the solution. The method is composed of leaching, separation, enrichment, extraction and so on.

(3) The electrometallurgy refers to the process of extracting and refining metals with electric energy, which can be divided into electrothermal metallurgy and electrochemical metallurgy in form of electric energy.

① The electrothermal metallurgy refers to the process of converting electric energy into heating energy to heat and extract metals at high temperature; in essence, it is the same as pyrometallurgy.

② The electrochemical metallurgy refers to the process of precipitate metals from the metal-containing salt solutions or melts by electrochemical reaction. The former is called the solution electrolysis, such as electrolytic refining of Cu, which can be classified as the hydrometallurgy; the latter is called the molten salt electrolysis, such as electrolytic refining of Al, which can be classified as the pyrometallurgy.

1.3 Main Metallurgical Unit Processes

In the production practices of metal extraction, various metallurgical methods often involve in many metallurgical unit processes, such as mineral processing, crushing, grinding, screening, drying, calcining, sintering, pelletizing, roasting, smelting, refining, leaching, liquid-solid separating, purifying and electrolysis.

(1) The calcining refers to a process of heating and decomposing raw materials of mineral of carbonates or hydroxides in the air, to remove CO_2 or H_2O and make them into oxides. For example, limestone is calcined into lime as a solvent for steelmaking process, and aluminum hydroxide is calcined into alumina as a raw material for the aluminum elec-

trolysis process.

(2) The sintering and pelletizing refer to a process of heating and roasting fine ore or concentrates to form porous or spherical materials in accordance with the requirements of the next process (smelting). For example, the iron ore fine is sintered and pelletized, and the lead sulfide concentrates are sintered and roasted.

(3) The roasting refers to a process of heating ore or concentrates to a temperature lower than their melting points in an appropriate atmosphere for oxidation, reduction or other chemical reactions, so as to change the chemical composition of raw materials and meet the requirements of subsequent processes (smelting or leaching). The roasting process can be divided into oxidation roasting, reduction roasting, sulfation roasting and chlorination roasting by the control atmosphere.

(4) The smelting refers to a process of making the oxidation-reduction reactions of processed ore, concentrates or other raw materials at high temperature, to separate metal components from gangue and impurities as metal (or matte) solution and slag. The smelting process can be divided into reduction smelting, matte smelting and oxidation blowing by the operating conditions.

(5) The refining refers to a process of refining crude metals containing a small amount of impurities at high temperature, to improve the purity, such as steelmaking, distillation, oxidation refining, sulphuration refining, chlorination refining, liquation refining, basic refining, regional refining and vacuum metallurgy.

(6) The leaching refers to a process of selectively dissolving metal components in raw materials of mineral with appropriate leaching agents (such as acids, alkalis and salts) and preliminarily separating them from other insoluble components.

(7) The liquid-solid separation refers to a hydrometallurgical process of separating the liquid-solid suspension into liquid phases and solid phases after the leaching process, including gravity sedimentation, centrifugal separation and filtration, and so on.

(8) The purification refers to a hydrometallurgical process of removing impurity metals in the leaching solution in the mineral leaching unit, so as to prevent these impurity elements from harming the next process—extraction of main metal, including crystallization, distillation, precipitation, replacement, solvent extraction, ion exchange, electrodialysis, membrane separation, and so on.

(9) The solution electrolysis refers to a process of converting electric energy into chemical energy, reducing metal ions into metals and precipitating them from the solution, or transferring crude metals from the anode to the cathode. The former is the electrolytic deposition process and the latter is the electrolytic refining process.

(10) The molten salt electrolysis refers to a process of maintaining the required high temperature of molten salt with the electric energy and converting the electric energy into

the chemical energy to reduce metals from molten salt, such as molten salt electrolytic production of Al, Mg, Na, Ta and Ag.

1.4 Metallurgical Equipment and Their Classification

The metallurgical equipment is the means and carriers of the smelting process, and also the manufacturing tools and quality guarantee conditions of metal products. The change and development of metallurgical technologies is the main driving force for the technical progress of metallurgical equipment. At the same time, the technical progress of metallurgical equipment can sometimes promote the progress of metallurgical technologies and products; sometimes, a new technology may be kept in a "pilot" or even "concept" phase for a long time because of the lag in equipment research and development.

The investment in the metallurgical equipment accounts for more than 50% of the total investment from a company, and the quality of production equipment is directly related to the quantity, quality and cost of products. In the past, more focuses were often attached to production and the management of production equipment was neglected. During the production process, less attention was often placed on the maintenance, inspection and repair of equipment, and even some equipment was overloaded for a long time, in order to pursue the output unilaterally, resulting in equipment damage and loss of production capacity. It is a very important job for metallurgical workers and also a necessary skill for metallurgical learners to manage and use a large number and variety of production equipment properly in metallurgical companies.

At present, there are more than 60 metals available for development and utilization such as Fe, Mn, Cr, Al, Cu, Pb, Zn and Sn, and there may be different smelting methods and multiple production processes for a metal. However, these processes can be summarized into a pyrometallurgical process (dry process) and wet process by smelting temperature and the wetting conditions of materials. Th roasting, calcinating, sintering, smelting, blowing, refining and molten salt electrolysis, and even drying and dust collecting can be regarded as pyrometallurgical processes, while the wet processes include stirring and mixing, leaching, precipitation, liquid-solid separation, solution electrolysis, evaporation, concentration, rectification, extraction, ion exchange, absorption and adhesion, desorption, and so on. Therefore, the metallurgical equipment can be divided into pyrometallurgical ones and hydrometallurgical ones.

The equipment for the pyrometallurgical process mainly includes furnaces, bulk material conveying equipment, dust collecting equipment, and so on. In modern metallurgy, the metallurgical furnaces are very important, and a new metallurgical furnace often represents a new smelting method, such as flash smelting method, Kivcet method, Isa method, Ausmelt method, blast-furnace method, molten salt electrolyzer method, and so on. There are many types of metallurgical furnaces, each of which is regarded as a big system, including furnace body and thermal auxiliary systems. The furnace body is composed of furnace base, refractory masonry (such as furnace top, furnace wall, and furnace bottom), thermal insulation masonry, supporting and reinforcing structures, operating mechanism, and so on, while the thermal auxiliary systems usually include charging equipment, air supply system, fume exhaust device, power supply and distribution device, forced furnace body cooling and waste heat utilization device, automatic detection and process control device, and so on. The metallurgical furnaces can usually be classified by purpose, heating source, heating method, operating principle, structural feature and thermal feature, as shown in Table 1-2.

Table 1-2 Common metallurgical furnaces

Classification basis	Furnace name
Purpose	Drying furnace, calcining furnace, roasting furnace, heating furnace, chlorination furnace, smelting furnace, melting furnace, blowing furnace, refining furnace, heat treatment furnace, liquating furnace, reduction furnace, fuming furnace, sintering furnace, volatilizing furnace, distillation furnace and diffusion furnace
Heating source	Self-heating furnace, fuel furnace and electric furnace
Heating method smelting electrical	Flame furnace, reverberating furnace, muffle furnace, salt bath furnace, resistance furnace, electric arc furnace, electron bombardment furnace, plasma furnace, ore smelting electric furnace and induction furnace
Operating principle	Fluidized bed furnace, cyclone furnace, blast furnace, flash furnace, bottom-blown converter, top-blown converter, side-blown converter, hot air circulating furnace, air cushion furnace, molten pool smelting furnace, suspension roasting furnace and high-temperature molten salt electrolyzer
Structural feature	Rotary kiln, reverberatory furnace, multi-hearth furnace, shaft furnace, crucible furnace, tank distillation furnace, carbon-tube furnace, tungsten rod furnace, molybdenum wire furnace, bell furnace and walking beam furnace
Thermal feature	Single stove type, heating furnace type and high-temperature reactor type

The hydrometallurgical equipment mainly includes mineral processing equipment, fluid conveying equipment, wet mixing reactor, hydrometallurgical heat exchanger, liquid-solid separation equipment, extraction equiment and ion exchanger, aqueous solution electrolysis equipment and so on. The common hydrometallurgical equipment is shown in Table 1-3.

Table 1-3 Common hydrometallurgical equipment

Type	Equipment
Fluid conveying equipment	Pitot tube, orifice meter, Venturi meter, rotameter, centrifugal pump, reciprocating pump, rotary pump, ventilator, blower, compressor and mechanical vacuum pump
Wet mixing reactor	Mechanical stirrer, gas stirrer, Pachuca tank, bubbling tower, air-lift stirring tank, tubular leaching tank, reaction kettle and leaching tank
Hydrometallurgical heat exchange equipment	Tubular heat exchanger (tubular, sleeve and serpentine), plate heat exchanger and direct contact heat exchanger
Liquid-solid separation equipment	Sedimentation pool, sedimentation tank, centrifugal sedimentation equipment and filter
Extraction equipment	Mixer-settler, extraction tower and centrifugal extractor
Ion exchange equipment	Resin fixed bed ion exchange column, resin moving bed ion exchanger, resin fluidized bed ion exchanger
Aqueous solution electrolysis equipment	Electrolyzer

2 Main Pyrometallurgical Equipment

2.1 Bulk Material Conveying and Feeding Equipment

A series of physical preparation processes (such as drying, proportioning, mixing, wetting, granulating, pelletizing, crushing and screening) and chemical preparation processes (such as roasting, sintering, volatilization and coking) must be performed for the metal minerals before the metallurgical process. After these processes, the materials can meet the requirements of metallurgical process before entering metallurgical furnaces or other reaction devices to ensure the normal metallurgical process and qualified metallurgical products. Therefore, the conveying and feeding of materials play an important role in the whole process of metallurgical production and is one of the necessary conditions for modern and automatic continuous production.

In metallurgical plants, the conveyed materials are mainly bulk materials, such as block materials, particle materials and powder materials piled together.

The conveying and feeding equipment used in non-ferrous metallurgical plants can be classified according to the requirements of *Continuous handling equipment—Nomenclature* (ISO 2148-1974) as follow (Fig. 2-1). The following article introduces the commonly used bulk material conveying and feeding equipment.

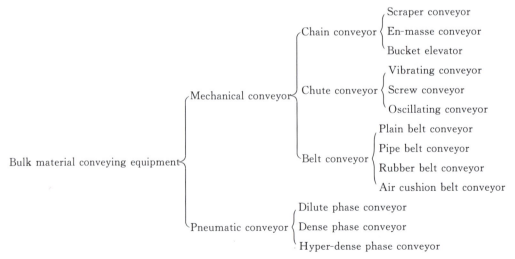

2 Main Pyrometallurgical Equipment

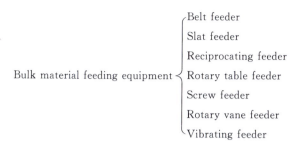

Fig. 2-1 Classification of bulk material conveying and feeding equipment

2.1.1 Bulk Material Conveying Equipment

2.1.1.1 Mechanical Conveyor

1. Chain conveyor

1) Scraper conveyor

The scraper conveyor is one of the earliest continuous conveying equipment. The scraper fixed on the traction components (such as chain) is used to move the materials along the chute in small piles for continuous conveying. The plane of the scraper is perpendicular to its moving direction, and the materials in the chute are moving forward in small piles by the scraper, so the conveyor with this bearing component is called the scraper conveyor. The scraper conveyor is mainly divided into general and flexible types. The former is commonly used to convey sintered blocks, returned materials, dust, dry concentrates and coal in non-ferrous metallurgical plants. As shown in Fig. 2-2, the general scraper conveyor is composed of traction component, bearing component, chute, driving device, tensioner, charging and discharging device and base. The scraper fixed on the traction chain moves with the traction chain along the chute fixed on the base, bypasses the driving sprocket and tensioning sprocket at the end, and conveys the materials in the hopper forward. The traction chain is driven by the driving wheel and tensioned by the tensioner.

2) En-masse conveyor

The en-masse conveyor is developed on the scraper conveyor. It is embedded into the casing with closed section and designed to continuously convey bulk materials with moving scraper chains based on the property that the friction in the materials is greater than the external friction. During the process of conveying materials, all scraper chains are buried in the materials, so it is also called the buried scraper conveyor. Like the scraper conveyor, the buried scraper conveyor is designed to convey materials along the chute with the scraper fixed on the chain; however, its operating principle is completely different from the former, therefore, its structure is also quite different from the former. The buried scraper conveyor is mainly composed of chute, scraper chain,

Metallurgical Equipment

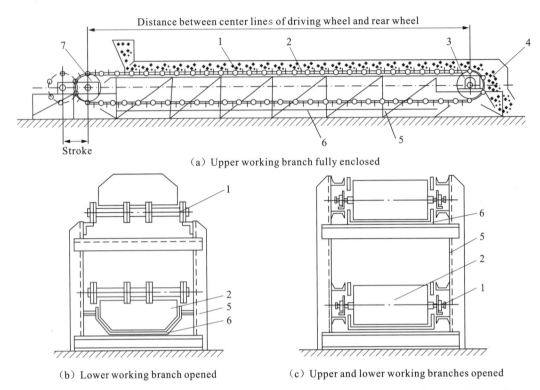

1. Drag component; 2. Scraper; 3. Driving wheel and driving device; 4. Outlet; 5. Base; 6. Chute; 7. Tail wheel and tension unit.

Fig. 2-2 Schematic diagram of general scraper conveyor

front driving device, charging and discharging devices and so on, and its structural differences from the scraper conveyor are mainly the chute and the scraper chain.

3) Bucket elevator

The Bucket elevator is designed to convey bulk solid materials on vertical or inclined paths, as shown in Fig. 2-3. In the Bucket elevator, the bucket is fixed on the chain or rubber belt that can move up and down circularly, so as to lift the materials from the low place to the high place for unloading. All chains (or rubber belt) and the buckets are protected by the metal casing; therefore, it can be installed indoors or outdoors.

The bucket elevator is a conveying machine used to continuously convey materials vertically from the lower place to the higher place in a limited space. It is suitable for conveying uniform and dry fine-grained bulk solid materials with a particle size of less than 80 mm. Generally, the lifting height is 30 m and the material temperature is 65 ℃ at maximum. However, a special bucket elevator can be designed, to achieve a lifting height of 90 m and a material temperature of above 260 ℃. The bucket elevator has also some disadvantages, such as high maintenance cost, difficult to repair and frequent shutdown for maintenance.

2 Main Pyrometallurgical Equipment

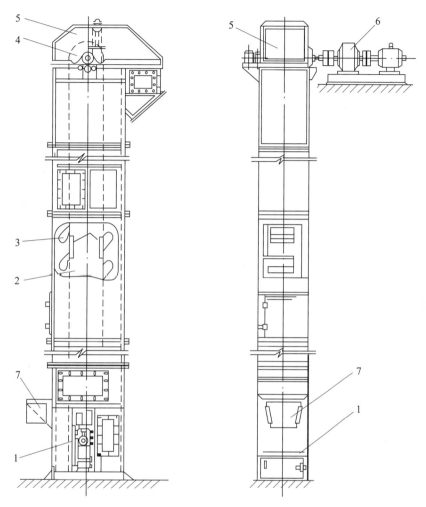

1. Guide reel; 2. Flexible traction component; 3. Bucket; 4. Driving reel; 5. Casing; 6. Driving device; 7. Inlet.

Fig. 2-3 Schematic diagram of bucket elevator

2. Chute Conveyor

1) Screw conveyor

In the screw conveyor, the bulk materials are moved in the axial direction in the metal chute by means of screw rotation. This method is widely used to convey, lift and load and unload bulk materials. The screw conveyor has many advantages, such as simple structure and low cost. It can be loaded and unloaded anywhere on the conveyor, and can be used for closed conveying. If necessary, the materials can be protected with drying or inert gas. Under the same comparable conveying capacity, the screw conveyor has lower cost than others, but the power consumption is higher than others, and the materials is ground seriously, so the materials must be fed evenly,

Metallurgical Equipment

otherwise the blocking phenomenon may occur. The basic structure of the screw conveyor is shown in Fig. 2-4. It is suitable for conveying all powder, particle and small block materials, but not for conveying perishable, sticky, caking, fibrous and large block materials.

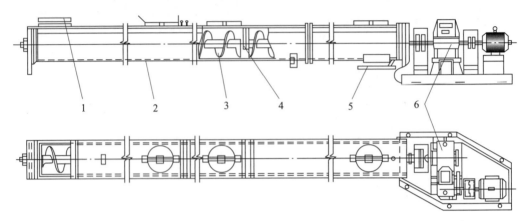

1. Inlet; 2. Trough (bearing trough); 3. Screw shaft with blades; 4. Hanger bearing; 5. Outlet; 6. Driving device.

Fig. 2-4　Schematic diagram of screw conveyor

2) Vibrating conveyor

The vibrating conveyor is designed to drive the directional vibration of the bearing component with the vibration technology to convey the materials forward for feeding them. It can be used for conveying many materials, ranging from large stones to powder materials, as well as materials with strong grindability or at high temperature.

The basic vibrating conveyor is installed on a rigid structural rack, and is composed of a leaf spring or a hinged supporting chute (Fig. 2-5). The materials are conveyed by the vibrating chute with mechanical or electromagnetic method. The vibrating chute is designed to throw the bulk materials upward and forward, so that they can be moved along the chute in form of short-distance jumping movements.

3. Belt Conveyor

The belt conveyor is a continuous conveyor with flexible traction components and the widest applications. Its flexible conveyor belt is used as the bearing component and the traction component to convey the particle materials in the horizontal direction and the inclined direction at a small angle, or a large number of finished products. Its operating principle is as follows: The bulk materials are conveyed from one end to the other with the friction of conveyor belt driven by the motor through the reducer and the double-pulley mechanism.

The basic structure of the belt conveyor is as follows: the conveyor belt is closed as the traction component and the bearing component, and mainly supported on the idler, and bypasses the driving pulley and the tensioning pulley in the tensioner. The driving pulley is driven by the driving

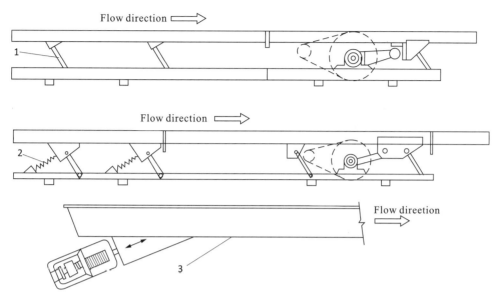

1. Leaf spring leg; 2. Coil spring; 3. Electromagnetic vibration.

Fig. 2-5 Schematic diagram of vibrating conveyor supported by leaf springs

device, to move the conveyor belt with the friction between them. The material is loaded on the conveyor belt with the loading hopper and unloaded by the unloading hopper. In addition, in order to remove the materials attached onto the conveyor belt, a sweeper is installed under the driving pulley (Fig. 2-6).

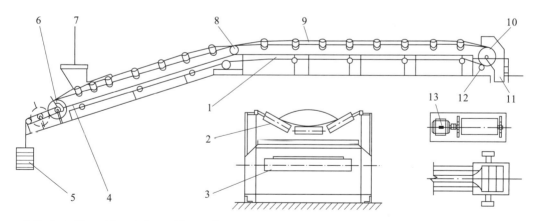

1. Rack; 2. Upper idler; 3. Lower idler; 4. Sweeper on empty section; 5. Heavy hammer tensioner; 6, 8. Guide pulley; 7. Loading bucket; 9. Conveyor belt; 10. Driving pulley; 11. Unloading bucket; 12. Cleaning device; 13. Driving device.

Fig. 2-6 Schematic diagram of general belt conveyor

2.1.1.2 Pneumatic Conveyor

Conveying solid materials with the airflow is called pneumatic conveying. It means that the solid materials are suspended in air and move with the airflow for conveying powder materials. Only when the speed of the airflow is greater than the limit speed (that is, the free settling speed of solid particles), the solid particles can be conveyed by the air. Therefore, the pneumatic conveying needs a relatively high speed of airflow, which may result in a large loss of friction pressure head, fast abrasion of particles and conveying pipes. In order to minimize these effects, the airflow speed must be kept as low as possible, but it is limited by the free settling speed of solid particles in the airflow. By the concentration of solid particles in the airflow, it can be divided into dilute phase conveying, dense phase conveying and hyper-dense phase conveying.

1. Dilute phase conveying

The dilute phase pneumatic conveying (suspension conveying) is characterized by the particle concentration (volume ratio) of below $0.05 \, \text{m}^3/\text{m}^3$ in the airflow and the porosity of the solid-air mixing system of $q \geqslant 0.95$. The jet pump is the main equipment for the dilute phase conveying. The compressed air directly acts on the single particles of the materials, making them boiling. The dilute phase conveying is featured by low solid-air ratio, high compressed air consumption, high power consumption, and fast flow rate, resulting in serious pipeline wear, high maintenance cost and high material broken rate.

2. Dense phase conveying

The dense phase conveying is characterized by the particle concentration of above $0.05 \, \text{m}^3/\text{m}^3$ in the airflow and the porosity of the solid-air mixing system of $0.05 < q < 0.95$. During the dense phase conveying, the compressed air directly acts on the particles of raw materials as the dynamic pressure to move them. In terms of force, the dilute phase conveying is driven by the pneumatic force, while the dense phase conveying is driven by the static pressure generated by pressure vessel. In the dense phase conveying, the materials move forward in the fluidized status of sand mounds. There are two kinds of dense phase conveying, namely, single-tube dense phase conveying and double-tube dense phase conveying with pulse generator. Compared with the dilute phase conveying, the dense phase conveying has lower airflow rate and better technical performance.

3. Hyper-dense phase conveying

The hyper-dense phase conveying is characterized by the solid concentration of more than $0.05 \, \text{m}^3/\text{m}^3$ and an obvious solid-air phase interface in the conveying pipeline, showing a generalized fluidization. The hyper-dense phase conveying is a powder conveying technology developed after belt conveying, dilute phase conveying and chute conveying. Compared with conveying equipment such as "air conveying chute", screw conveyor and belt conveyor used in cement production in the early year has many advantages, such as no rotating parts, no noise, convenient operation and management, light weight, low power consumption, simple equipment, large conveying capacity and easy change of conveying direction. Its disadvantage lies in that the materials to be conveyed are limited, and only be conveyed at a certain slope. The air permeable layer of the air conveying chute can be made of perforated plates or multi-layer canvas. The inclination of the air conveying chute shall be as large as possible under the premise that it can meet the requirements of the process layout. The inclination slope is generally taken as 4%–6%, but not be less than 10% when the coarse material is conveyed in a closed chute. The air pressure of the blower required for the air conveying chute shall be greater than the sum of the resistance of the perforated plates (or canvas) and the resistance of the material layers. Generally, it is taken as 0.034–0.058 MPa. A smaller value can be used when canvas is used as the permeable layer, and a higher one can be used when perforated plates with large size and long slope value are used as the permeable layer. Generally, it is taken as 0.049 MPa.

The operating principle of hyper-dense phase conveying is as follows: During hyper-dense phase conveying, the particles move from the upper part to the lower part of the material balance column, and are blown by the airflow through the canvas, so that they slide or roll in the pipeline under being driven by the airflow and the static pressure, and there is an obvious solid-air phase interface, as shown in Fig. 2-7. The hyper-dense phase conveying is featured by conveying horizontally or at a small inclination angle, and relay stations required for long conveying distance, low flow rate, small equipment wear, long service life and low maintenance cost, high solid-air ratio, less compressed air needed to convey the same solid materials, low power consumption, self-contained exhaust system, independent powder conveying without mechanical movement, small friction and crushing of conveying powders, and low dust rate.

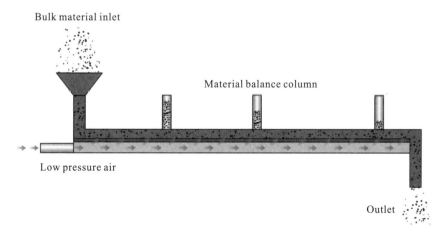

Fig. 2-7 Schematic diagram of hyper-dense phase conveying principle

2.1.2 Bulk Material feeding Equipment

The feeding equipment is a kind of relatively short conveying equipment and used at the bottom of storage bins, silos or hoppers to discharge materials and transfer them to conveyor, or adjust the amount of materials entering processing equipment, such as crusher, screening equipment, cooler, and dryer. For another example, the belt conveyor is a kind of equipment for continuously conveying bulk materials. When it is uniformly loaded at the maximum design speed, the maximum productivity can be achieved. If the material is irregularly loaded onto the conveyor belt, there may be no load or overload, which may decrease its conveying capacity and also cause the material overflow at the edge or scatter along the conveying route under overloaded conditions. Therefore, the feeding system is the key to maximize the utilization of the belt conveyor system. A perfect feeding system must adapt to the operation of the equipment, and can transform various intermittent and irregular feeding materials into a stable and uniform material feeding flow.

In selection of the feeding equipment, the factors to be considered include the physical properties and features of the material to be processed, the storage mode of the material and the required feeding capacity. There are many kinds of feeding equipment, which can be divided into three types by the operating principle: linear motion type, rotary motion type and vibration reciprocating motion type. The feeding equipment commonly used in non-ferrous metallurgical plants include belt feeder, slat feeder, reciprocating feeder, rotary table feeder, screw feeder, rotary vane feeder, electromagnetic vibrating feeder and inertial vibrating feeder. The following introduces the previous types.

1) Belt feeder

The belt feeder is a relatively short belt conveyor, and is usually installed under the discharge port of storage bin and bears the pressure of storage bin. Generally, the conveyor belt is arranged horizontally and supported on short-spaced idlers or smooth linings, as shown in Fig. 2-8.

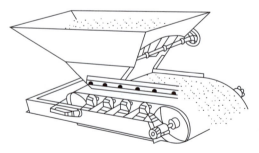

Fig. 2-8 Schematic diagram of belt feeder

The belt feeder is characterized by simple structure, small investment, smooth discharge, easy adjustment of feeding volume, low energy consumption and large conveying capacity, especially for easy adjustment of feeding volume. If the belt feeder is equipped with a weighing device, the belt speed can be automatically adjusted with the set value of the weighing device, to achieve the required stable feeding volume. It has also some disadvantages, such as large occupation space, easy wear of belt, easy adhesion of materials, fails to convey block materials, and large maintenance workload.

The belt feeder is mainly used to convey dry and fine materials with the water content of no more than 5% and the particle size of less than 50 mm, such as fine ore, coal and concentrates, or non-abrasive materials with the particle size of no more than 100 mm. The material temperature shall be generally lower than 70 ℃, and the maximum temperature cannot exceed 150 ℃.

2) Slat feeder

The slat feeder is shown in Fig. 2 - 9. It has many advantages, such as high feeding capacity, uniform feeding rate, high structural strength, impact resistance, large bulk material conveying and high pressure resistance of silo column; it also has some disadvantages, such as large equipment mass, large occupation space, high cost, large maintenance workload, high energy consumption and high shipping cost.

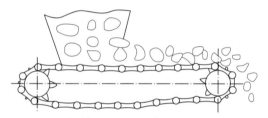

Fig. 2 - 9 Schematic diagram of slat feeder

The light slat feeder is suitable for conveying materials with particle size of less than 160 mm, the medium slat feeder is suitable for conveying materials with particle size of less than 400 mm, and the heavy slat feeder can convey materials with particle size of up to 1000 mm. The slat feeder can convey materials at temperature of 500 - 600 ℃.

3) Reciprocating feeder

The reciprocating feeder is shown in Fig. 2 - 10. It has many advantages, such as simple structure, low cost, low maintenance and operation cost, high adaptation of materials (block, powder and high-temperature materials); it also has some disadvantages, such as poor feeding uniformity, small feeding volume, easy leakage, and fast wear of chute.

The reciprocating feeder is used to convey materials with particle size of less than 75 mm, non-abrasive materials, such as coal and limestone, as well as materials at temperature of 500 - 600 ℃, such as calcine and sintering return fine.

4) Rotary table feeder

The rotary table feeder is shown in Fig. 2 - 11. It has many advantages, such as simple structure, durability, uniform feeding rate, easy adjustment of feeding volume, convenient opera-

Metallurgical Equipment

Fig. 2-10 Schematic diagram of reciprocating feeder

tion and high adaptation of materials; it also has some disadvantages, such as high cost and easy adhesion of materials on the chute. The rotary table feeder is used to feed various fine materials continuously and evenly, including cohesive materials (such as non-ferrous metal concentrates) at moisture content of no more than 12% and hot materials.

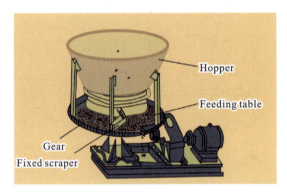

Fig. 2-11 Schematic diagram of rotary table feeder

5) Screw feeder

The screw feeder is shown in Fig. 2-12. It has many advantages, such as simple structure, small dimension, easy sealing, adaptation for feeding easily contaminated materials and simple maintenance; it also has some disadvantages, such as high energy consumption, small throughput, easy wear of working parts and low adaptation of materials, and crushing effect on materials. The screw feeder is mainly used to convey powder materials with small crushability and materials with good fluidity. When fragile materials are conveyed by screw feeder, they may be crushed; therefore, it is not applicable in this case.

6) Rotary vane feeder

The rotary vane feeder is shown in Fig. 2-13. It has many advantages, such as simple structure, small dimension, good sealing, easy adjustment of material flowrate and convenient operation; it also has some disadvantages, such as low adaptation of materials and irregular feeding

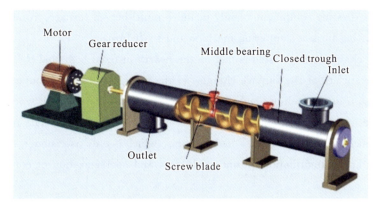

Fig. 2-12　Schematic diagram of screw feeder

rate. The rotary vane feeder is mainly used to convey dry powder materials with water content of less than 10%, and bulk materials at temperature of below 300 ℃.

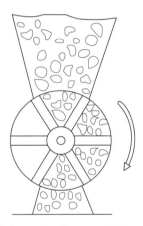

Fig. 2-13　Schematic diagram of Rotary vane feeder

2.2　Sintering and Roasting Equipment

The roasting is mostly used for preparation of the next major smelting operations such as smelting or leaching. It is often the charge preparation process in a smelting operation, but sometimes it can also be used as an enrichment, impurity removal, metal powder preparation or refining process. The roasting and sintering equipment is an important guarantee to realize these metallurgical processes. In the process of a chemical reaction below the melting temperature of materials, most materials always stay in solid state, so the upper limit of roasting temperature shall ensure that the materials cannot be melted obviously.

The roasting technology includes fixed bed, moving bed, fluidized and floating roasting technologies, and the roasting equipment mainly includes multi-hearth furnace, rotary kiln, fluidized bed, floating roasting furnace, sintering machine and shaft furnace.

The furnace charge to be roasted is laid on the hearth in fixed bed, and the furnace gas only contacts with the surface of the furnace charge, so the gas-solid interface contact is limited, and the heat and mass transfer are not ideal, resulting in low productivity, high workload, low fume concentration and inconvenient recycling, but the fume dust rate is low. The roasting in multi-hearth furnace basically belongs to fixed bed roasting, which is only used under special case, such as dechlorination and defluorination of zinc oxide dust and dearsenization of copper concentrates with high arsenic content.

In the moving bed roasting, because the furnace charge moves slowly under the gravity or mechanical action, while the furnace airflow reversely or vertically against the furnace charge, there is a full gas-solid contact. Commonly used equipment includes sintering machine, shaft furnace and rotary kiln.

The fluidized roasting is also called pseudo-fluidized bed roasting or boiling roasting. Under the uniform upward action of air or other gases from the bottom of the solid powder (particles), the material layer is fluidized, so there is very intense relative movement between gas and solid particles and fast heat and mass transfer, and the temperature and concentration gradient is very small in the whole fluidized bed layer. Sometimes, in order to strengthen the process without excessively increasing the fume rate, the concentrate powder is often granulated before being added into the furnace, so it is called the granulation fluidized roasting.

In the floating roasting, because the furnace charge is suspended in the furnace, the relative movement between gas and solid particles is not as intense as that of fluidized roasting, but there is still very fast heat and mass transfer between gas and solid particles, and there is almost no direct contact among solid particles, so a higher roasting temperature, a certain temperature gradient and a furnace charge concentration gradient are allowed in the floating roasting furnace.

The sintering equipment includes sintering machine, shaft furnace and grate-rotary kiln, among which, the sintering machine is dominated. The existing sintering machines are mostly stepping type and belt type. The shaft furnace is the earliest equipment used to roast pellets and its specification is expressed by the area of furnace mouth. At present, the maximum sectional area of shaft furnace is $2.5 \text{ m} \times 6.5 \text{ m}$ (about 16 m^2). The grate-rotary kiln is composed of grate, rotary kiln and cooling unit.

2.2.1 Fluidized Bed

The particle or powder materials are widely used as raw materials in modern metallurgy. Compared with gas and liquid materials, these bulk materials have many inconveniences in processing, storage and conveying. Due to the internal friction between particles, the bulk solid materials can bear tangential stress within a certain stress range. Only when the tangential stress exceeds a certain limit, the bulk solid materials will produce shear motion and show a certain viscosity, just like viscous fluids. The difference between the behaviors of bulk materials and fluids is mainly caused by the internal friction of the former that is much greater than that of the latter. Therefore, as long as this internal friction can be eliminated in some way, the bulk materials can have some fluid features. In the fluidized bed, the container, the solid particle layer and the upward fluid are the three basic factors that cause the fluidization. A typical fluidized bed reactor is shown in Fig. 2-14. The container, solid particle layer, distribution plate and blower (or pump) are indispensable basic components of fluidized bed reactor.

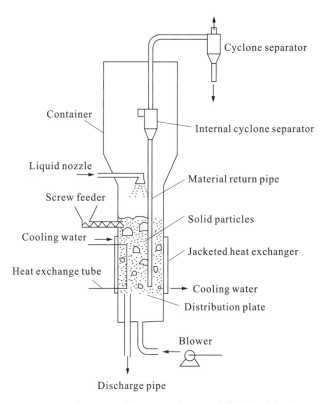

Fig. 2-14 Schematic diagram of typical fluidized bed reactor

2.2.2 Belt Sintering Machine

The belt sintering machine (Fig. 2-15) is one of main sintering equipment in iron and steel making industry, with which the output accounts for 99% of the total output in the world. It has many advantages, such as high mechanization, continuous operation, high productivity and good working conditions. The sintering machine is composed of a closed track laid on a steel structure

Metallurgical Equipment

and a series of sintering trolleys operated continuously on the track. The belt sintering machine mainly includes head wheels, tail wheels, trolleys, igniter, preheating furnace, distributor, feeder and tail swing frame. Firstly, add the hearth layer (with a fraction of 10 – 20 mm) separated from the sintered ore on the trolleys to protect the grates and reduce the ash content in the exhaust gas. Secondly, add the sintered mixture on the trolleys at the specified height through the distributor, and keep this height. Thirdly, carry out the exhaust and ignition for sintering. During sintering process, the material layer moves along with the trolleys continuously to the tail of the machine, and after the sintering process is completed. Finally, the trolley turns over to discharge the sintered cakes and the empty trolleys runs along the lower track to the head of the sintering machine for the next cycle. The sintered cakes are crushed and screened to obtain the hot return fines, which is conveyed to the cooler for cooling. The waste gas extracted from the material layer passes through the wind box under the trolley to the gas collecting pipe and dust collecting device, and is discharged to the chimney by the exhaust blower. The exhaust sintering machine body is mainly composed of driving device, trolleys, exhauster, seals, rack and grease centralized lubrication system.

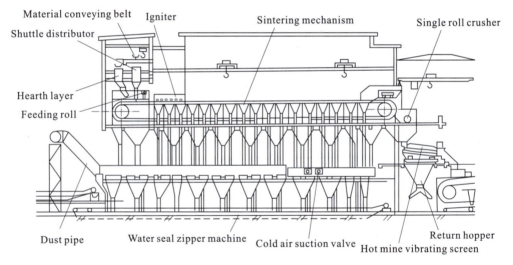

Fig. 2 – 15 Sintering chamber of belt sintering machine

2.2.3 Shaft Furnace

The pelletizing shaft furnace is a rectangular vertical one, as shown in Fig. 2 – 16. The roasting chamber is arranged in the middle, the combustion chambers are arranged on both sides, the discharging roll and the sealing device are arranged on the bottom, and the green pellet distribution device and the waste gas outlet are arranged above the furnace mouth. In order to facilitate the uniform distribution of green pellets and roasting airflow, the width of roasting chamber shall be no more than 2.2 m.

In shaft furnace, the cooling and roasting processes are completed in the same chamber. The green pellets are loaded from the furnace mouth on top of the shaft furnace, and pass through various heating zones and cooling zones to reach the discharge port under their own gravity. The combustion chambers arranged on both sides at the middle of the furnace body are used to generate high-temperature gas and inject it into the furnace chamber for drying, preheating and roasting the pellets, and the center of the furnace charge can be immersed by the flames from the combustion chambers on both sides. A part of the hot air rises after the pellets are initially cooled in the furnace and passes through the air guide wall and the drying bed to dry the green pellets.

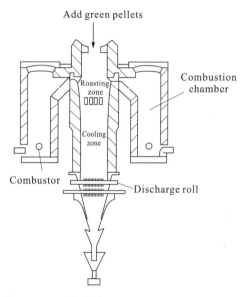

Fig 2-16　Shaft furnace structure diagram

2.2.4　Rotary Kiln

The rotary kiln is a kind of roasting and sintering equipment. It is a horizontal cylindrical furnace with slight inclination. The furnace charge is charged at one time for stirring and roasting while falling along the rotating furnace wall, and then discharged from the discharge port. The rotary kiln is composed of body, big gear ring, supporting device, driving device, kiln head, kiln tail, combustor and charging equipment, as shown in Fig. 2-17.

2.2.5　Grate-Rotary Kiln

The grate-rotary kiln is composed of grate, rotary kiln and cooler, as shown in Fig. 2-18. In

Metallurgical Equipment

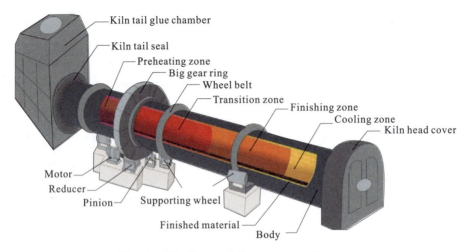

Fig. 2 - 17 Rotary kiln structure diagram

terms of structure, the grate is similar to sintering machine and is composed of grate body, furnace cover lined with refractory, wind box and driving device. The grate body is composed of traction chain, grate plate, fence plate, chain plate shaft and star wheel, and is operated in the airflow direction. The whole grate is sealed by the furnace cover.

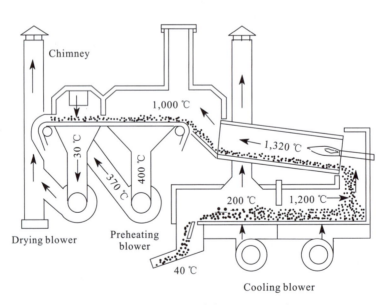

Fig. 2 - 18 Grate-rotary kiln structure diagram

The drying, dehydration and preheating processes of green pellets are completed in the grate, the roasting process is carried out in the rotary kiln, and the cooling process is completed in the cooler. The grate is installed in a chamber lined with refractory bricks, and divided into drying and preheating zones. A wind box is arranged under the grate bars, and the green pellets are loaded into the grate through a roll distributor, and move forward with the grate bars, so there is no need of hearth layer and side materials. The green pellets in the drying chamber are dried by the exhaust gas at 250 – 450 ℃ pumped from the preheating chamber, after which the exhaust gas is cooled to 30 – 180 ℃. The dry pellets are fed in the preheating chamber and heated by the oxidizing waste gas at 1,000 – 1,100 ℃ from the rotary kiln for partial oxidization and recrystallization to increase their intensity, and then fed in the rotary kiln for roasting.

2.3 Smelting and Refining Equipment

The smelting is a metallurgical process of melting metal minerals and flux for metallurgical chemical reactions and separating metals and gangue components in ore. The smelting is the main process to obtain most metals. There are different melting equipment for various metals based on the melting principles. For different metallurgical purposes, the smelting equipment can be divided into rough refining equipment and refining equipment.

2.3.1 Blast furnace

The main equipment used in blast furnace ironmaking process is shown in Fig. 2 – 19. In order to realize normal production of blast furnace ironmaking, in addition of the blast furnace itself, an auxiliary system is needed.

The modern ironmaking blast furnace body is mainly composed of hearth, bosh, belly, shaft and throat, as shown in Fig. 2 – 20.

2.3.2 Electric Furnace

The electric furnace is a kind of equipment used to heat materials with the heating energy generated by electrocaloric effect to realize the expected physical and chemical changes. Because the electric furnace can easily meet some strict and special technical requirements, it is widely used in smelting, melting and heat treatment of metals, especially in the smelting and processing of rare metals and special steels. Compared with other smelting furnaces, the electric furnace has many advantages, such as high electric thermal power density, easy and accurate control of temperature and atmosphere, high heat utilization rate, small slag amount and high recovery rate of molten metals.

By the converting method from electric energy to heating energy, the electric furnaces can be divided into five categories as follows: Electric resistance furnace, electric arc furnace, induction furnace, electron beam furnace, and plasma furnace. And each category can be divided into many

Metallurgical Equipment

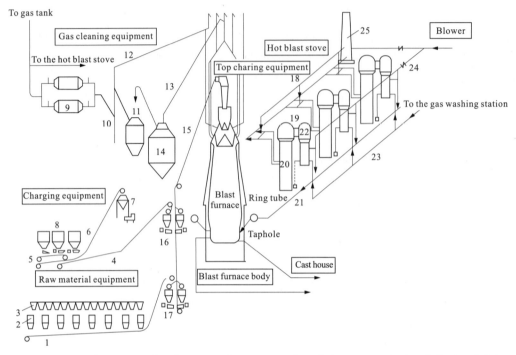

1. Belt conveyor of ore; 2. Weighing hopper; 3. Ore storage tank; 4. Belt conveyor of coke; 5. Feeder; 6. Belt conveyor of powder coke; 7. Powder coke bin; 8. Coke storage tank; 9. Electric precipitator; 10. Top pressure regulating valve; 11. Venturi dust collector; 12. purified coke oven gas bleeder; 13. Downcomer; 14. Gravity dust collector; 15. Belt feeder; 16. Coke weighing funnel; 17. Ore weighing funnel; 18. Cooling air duct; 19. Gas flue; 20. Regenerator chamber; 21. Hot blast pipes; 22. Combustion chamber; 23. Gas mains; 24. Air mixing tube; 25. Chimney.

Fig. 2-19 Schematic diagram of blast furnace ironmaking equipment connection

sub-categories by structure, purpose, atmosphere and temperature. The electric arc furnace and ore smelting electric furnace are mainly introduced in this section.

In the electric arc furnace, the heating energy of electric arc is used to melt metals. There are one or more arcs, and the electric energy is converted into heating energy by the arc discharge to heat and smelt materials. Because of high arc temperature, high electrothermal conversion ability, high electric heating efficiency, easy control of furnace atmosphere and simple operation of furnace, the electric arc furnace is widely used in industry and especially suitable for melting refractory and advanced materials. A DC(direct current) electric arc furnace for steelmaking is shown in Fig. 2-21. A graphite electrode is installed vertically through the center on the furnace top as the cathode. The electrode is fixed in the electrode holder, and the column for fixing the holder can move vertically along the guide roll on the rotary table. The bottom electrode is the main structural component of the DC electric arc furnace, and its cooling tank is exposed outside the furnace

2 Main Pyrometallurgical Equipment

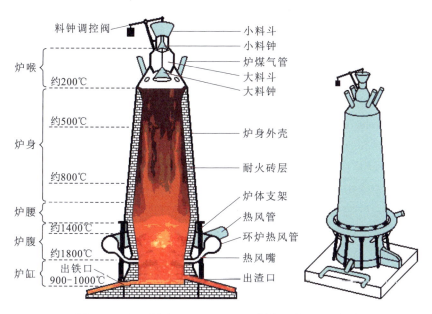

Fig. 2-20 Main components of blast furnace body

casing. The bottom electrode can be continuously monitored with the control system and signal system to ensure the safe operation of the equipment.

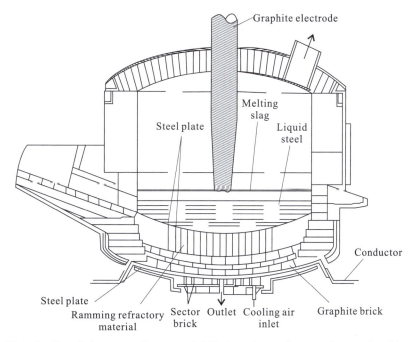

Fig. 2-21 Schematic diagram of DC electric arc furnace for steelmaking

· 85 ·

Metallurgical Equipment

The ore smelting electric furnace is used to smelt materials with submerged arc electric heating of electrodes and resistance heating of materials, including ferroalloy furnace, matte furnace, calcium carbide furnace and yellow phosphorus furnace. The material heating and electrothermal conversion are carried out in the material layer in ore smelting electric furnace at the same time, which belongs to internal heating source, with low thermal resistance and high thermal efficiency (with the general electrothermal efficiency of $0.6 - 0.8$). The material is melted under the comprehensive effect of electrothermal conversion and heat transfer process. Although the electric heating energy can be fully absorbed by materials, the materials can only be melted by transferring the heating energy in the transfer process. The ore smelting electric furnace is generally composed of furnace casing, steel structure, masonry, product discharge device, charging device, electrode and electrode lifting, pressing and conducting devices, thermal measurement device and so on. A continuous operation ferroalloy furnace is shown in Fig. 2 – 22.

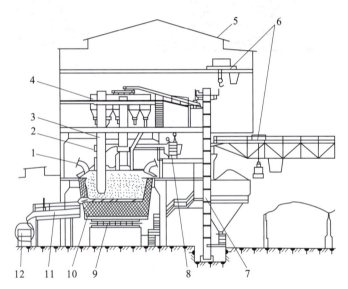

1. Air outlet; 2. Conductive device; 3. Electrode; 4. Charging equipment; 5. Plant; 6. Trolley;
7. Feeding system; 8. Electric furnace transformer; 9. Rotary bracket of furnace body;
10. Furnace body; 11. Product discharge device; 12. Feeding ladle.

Fig. 2 – 22 Continuous operation ferroalloy furnace structure diagram

2.3.3 Converter

The steelmaking converter can be divided into alkaline converter and acid converter by the properties of lining refractories, air converter and oxygen converter by the types of oxidizing gases supplied, top-blown, bottom-blown, side-blown and top & bottom combined-blown converters by the air blowing position, and self-heating converter and external fuel converter by the heating source. The top-blown oxygen converter body is shown in Fig. 2-23 and is mainly used in steel-making process.

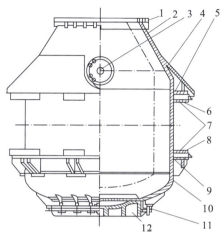

1. Furnace mouth; 2. Furnace cap; 3. Taphole; 4. Guard plate; 5, 9. Upper and lower clamping plates; 6, 8. Upper and lower clamping slots; 7. Inclined block; 10. Furnace body; 11. Pins and wedges; 12. Furnace bottom.

Fig. 2-23 Top-blown oxygen converter body structure diagram

The horizontal converter is mostly used in non-ferrous metallurgy, including horizontal side-blown converter and rotary refining furnace. The horizontal side-blown converter is used for converting copper matte into blister copper, nickel matte into high grade nickel matte, and noble lead into gold-silver alloy, and direct converting of copper, nickel and lead concentrates and lead-zinc dust. The horizontal converter has many advantages, such as large capacity, high reaction speed, high oxygen utilization rate, self-heating smelting and processing a large amount of cold materials, and is a kind of key equipment in copper smelting process. However, as periodically operated equipment, it has also some disadvantages, such as large fluctuation of fume volume, low SO_2 concentration, fume overflow, poor operating conditions and high consumption of refractory materials. The rotary refining furnace is mainly used for refining liquid blister copper. The refining operation generally includes four stages as follows: Charging, oxidation, reduction and casting, and the qualified anode plates can be provided for electrolytic refining of copper. Therefore, the rotary refining furnace is generally called the rotary anode furnace. A horizontal side-blown converter is shown in Fig. 2-24.

2.3.4 Isa Furnace

The main equipment of Isa smelting process includes Isa furnace body, sprayer, heat recovery steam generator, burner, lance winch and so on. The auxiliary system includes air supply, dust

Metallurgical Equipment

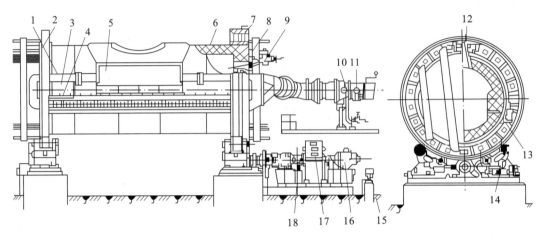

1. Converter casing; 2. Wheel rim; 3. U-shaped air distribution tube; 4. Air collecting tube; 5. Baffle; 6. Lining bricks; 7. Crown gear; 8. Movable cover; 9. Quartz sprayer; 10. Stuffing box; 11. Gate; 12. Furnace mouth; 13. Air nozzle; 14. Supporting roll; 15. Oil groove; 16. Motor; 17. Gearbox; 18. Electromagnetic brake.

Fig. 2-24 Schematic diagram of Horizontal side-blown converter

collection, slag casting, lead casting, acid making and other peripheral systems. Isa furnace is a vertical cylindrical reactor with steel casing lined with refractory, as shown in Fig. 2-25.

A horizontal top cover is arranged on the top of Isa furnace, it was a steel or copper water-cooled jacket structure in the past, and is gradually improved into a membrane wall water-cooled structure currently, which has become an integral part of the heat recovery steam generator connected with the gas flue at the top. A water-cooled copper water jacket splash plate is arranged at the joint between the upper part of the furnace body and the gas flue to prevent splashes from directly entering and sticking in the gas flue during smelting process. Two structures of fully lined chrome-magnesia bricks and the chrome-magnesia bricks & water-cooled copper water jacket are arranged in the molten pool. A sprayer insertion hole, a charging hole, a fume exhaust hole, a heat preservation burner insertion hole and a molten pool depth measuring (sampling) hole are processed on the top cover. One or more melt discharge ports are arranged at the bottom of the furnace body based on the production needs.

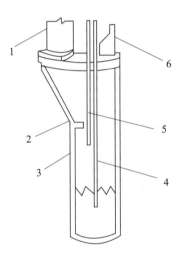

1. Vertical flue; 2. Splash plate; 3. Furnace body; 4. Lance; 5. Auxiliary combustion burner; 6. Charging box.

Fig. 2-25 Isa furnace structure diagram

2 Main Pyrometallurgical Equipment

2.3.5 Flash Furnace

The flash furnace is a kind of typical tower smelting equipment, and mainly used for reactions between oxygen-enriched air and copper (nickel) sulfide concentrates to produce the products in liquid phase and gas phase quickly (within 1 – 4s), while the acceleration of free fall of the reactants and reaction products is very large, and the holding time is very short in the way. Therefore, in order to ensure the reaction time of 1 – 4 s, the reaction tower shall have a height of above 7.5 m.

The flash furnace is a kind of intensified smelting equipment for treating sulfide powder. It was first used to industrial production by Outokumpu Co., Ltd. of Finland in the late 1940s. Because of its many advantages, it is quickly applied to the industrial production practices of matte smelting of copper (nickel) sulfide concentrates. At present, there are nearly 50 flash furnaces in service in the world, and their copper output accounts for more than 30% of the total output. The flash furnace has many advantages. For example, the reaction heat of sulfides in raw materials is used fully to achieve high thermal efficiency and low fuel consumption, the reaction surface area of concentrates is used fully to strengthen the smelting process and increase the production efficiency, the desulfurizing process can be implemented to any level in one step, to achieve high sulfur recovery rate, high fume quality and less environmental pollution, the high-grade copper matte can be produced, to reduce the converting time and improve the productivity and service life of converter. However, it has also some disadvantages, such as high requirements for furnace charge (with a particle size of below 1 mm and water content of below 0.3%), complex material preparation system, high copper content in slag (need further processing) and high dust rate.

There are two types of flash furnaces as follows: Outokumpu flash furnace in Finland and the oxygen flash melting furnace in International Nickel Company of Canada. The former is mainly composed of concentrate nozzle, reaction tower, sedimentation tank and rising flue, as shown in Fig. 2 – 26.

2.3.6 Blast Furnace

The blast furnace is a kind of shaft furnace, in which the furnace charge (ore, sinter or pellet) containing metal components is smelted by blowing air or oxygen-enriched air to obtain matte or crude metal. It has many advantages, such as high thermal efficiency, high unit productivity (hearth capacity), high metal recovery rate, low cost and small occupation area, and is one of the important smelting equipment in pyrometallurgy. It has been widely used in the smelting of copper, tin, nickel and other metals; due to high energy consumption and usage of expensive coke, its application scope has gradually narrowed. However, it still plays an important role in the smelting of lead and antimony, such as reduction smelting of lead and lead-antimony, imperical smelting

Metallurgical Equipment

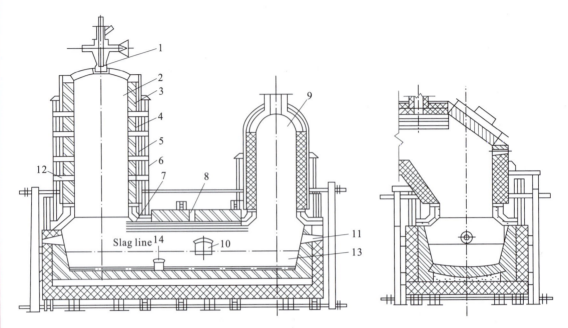

1. Concentrate nozzle; 2. Reaction tower; 3. Brick masonry; 4. Casing; 5. Pallet; 6. Bracket; 7. Connecting part; 8. Feeding port; 9. Rising flue; 10. Slag tap; 11. Heavy oil nozzle; 12. Copper water jacket ring; 13. Sedimentation tank; 14. Copper matte port.

Fig. 2-26 Schematic diagram of Outokumpu flash furnace

process (ISP) and volatile smelting of antimony; furthermore, the blast furnace is still used for matte smelting of copper in several plants.

By the nature of smelting process, the blast furnace smelting can be divided into reduction smelting, oxidation volatilization smelting and matte smelting types; by the structural features of the furnace top, it can be divided into opened and closed types; by the arrangement of water jacket on furnace wall, it can be divided into full water jacket, half water jacket and spraying types; by the shape of the cross section of tuyere area, it can be divided into circular, elliptical and rectangular types; by the shape of the vertical section of the furnace, it can be divided into upward expansion, straight cylinder, downward expansion and double exhaust port types. The blast furnace for lead smelting has a simple structure, as shown in Fig. 2-27.

2.3.7 AOD Furnace

The argon-oxygen converting of molten steel is referred to as AOD (argon oxygen decarburization) process, which is mainly used for smelting stainless steel outside the furnace. In 1968, the first 15 t AOD furnace was developed by Slater Stainless Steel Company in the world. In September 1983, the first 18 t domestic AOD furnace was developed by Taiyuan Iron & Steel (Group)

2 Main Pyrometallurgical Equipment

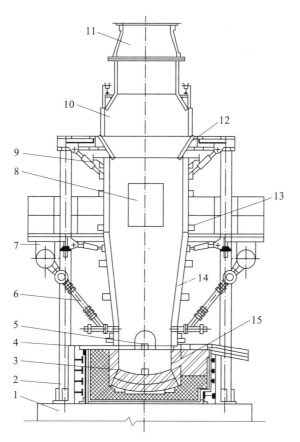

1. Furnace base; 2. Bracket; 3. Hearth; 4. Water jacket pressing plate; 5. Throat; 6. Tuyere stock and tuyere; 7. Bustle pipe; 8. Rammed working gate; 9. Jack; 10. Loading door; 11. Hood; 12. Unloading plate; 13. Upper water jacket; 14. Lower water jacket; 15. Siphon passage and siphon.

Fig. 2-27   Schematic diagram of blast furnace for lead smelting

Co., Ltd., and in 1987, the second AOD furnace was produced in China. By 2007, more than 70% of the total stainless steel output was produced with AOD process in the world.

AOD process is designed to convert molten steel with argon and oxygen, which is usually blown into the molten pool from one side of the furnace bottom in the form of mixed gas or separately and simultaneously. In the converting process, 1 mol of oxygen reacts with the carbon in steel to generate 2 mol of carbon monoxide, but 1 mol of argon does not change after passing through the molten pool, and still escapes as 1mol of gas, so as to reduce the partial pressure of carbon monoxide at the upper part of the molten pool, which is greatly beneficial to decarbonization and chromium conservation in smelting process. The basic principle of argon-oxygen converting process is similar to that of decarburization process under vacuum conditions. The latter is to reduce the partial pressure of carbon monoxide as a product of decarburization under vacuum conditions, while the former is to reduce the partial pressure of carbon monoxide by gas dilution, so

Metallurgical Equipment

there is no need of expensive vacuum equipment; therefore, it is called the simplified vacuum process.

AOD process equipment is mainly composed of AOD furnace body, furnace tilting mechanism, movable hood system, gas supply and alloy feeding systems, and so on. The AOD furnace and air sprayer are shown in Fig. 2 – 28.

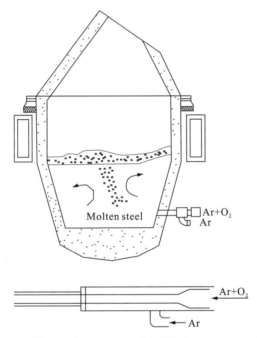

Fig. 2 – 28 Schematic diagram of AOD furnace and air sprayer

2.3.8 Ladle Furnace

LF (Ladle Furnace) process was developed by Daido Steel Co., Ltd. of Japan in 1971. It is used to refine molten steel by deoxidizing, desulphurizing, alloying and other metallurgical reactions with electric arc heating and making reducing slag with high basicity in non-oxidizing atmosphere. In order to make molten steel fully contact with refining slag, strengthen the refining reaction, remove the inclusions, promote the homogenization of molten steel temperature and alloy composition, the argon is usually blown from the bottom of ladle for stirring, with the operating principle as shown in Fig. 2 – 29. After the molten steel is conveyed at the work station, the ladle is moved to the refining station, the synthetic slag is added, the graphite electrode is lowered and inserted into the molten slag to make submerged arc heating for molten steel, compensating the temperature dropped in the refining process, and at the same time blow the argon from bottom for stirring. LF can cooperate with the electric furnace to replace the reduction period of the electric furnace, significantly shorten the smelting time and improve the productivity of the electric furnace. It can also cooperate with basic oxygen furnace (BOF) to produce high-quality alloy steel; at the same time, it is an indispensable equipment to control the composition and temperature of molten steel and adjust the production rhythm in continuous casting workshop, especially for alloy steel. LF process develops rapidly in secondary refining because of its simple equipment, low cost, flexible operation and good refining effect, and is dominated in refining equipment outside the furnace.

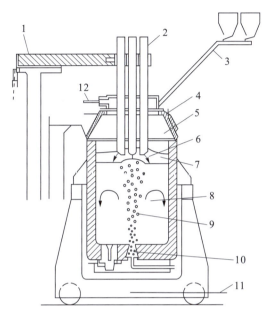

1. Electrode cross arm; 2. Electrode; 3. Feeding trough; 4. Water cooling furnace cover; 5. Inert atmosphere in furnace; 6. Arc; 7. Slag; 8. Gas stirring; 9. Molten steel; 10. Breather plug; 11. Ladle trasfer car; 12. Water-cooled hood.

Fig. 2 – 29 Schematic diagram of ladle furnace

Ladle furnace is mainly composed of ladle, arc heating system, bottom argon blowing system, temperature measuring and sampling system, control system, alloy and slag feeding device, skimming station suitable for some primary smelting furnaces, powder spraying or wire feeding station suitable for some low-sulfur and ultra-low-sulfur steels, vacuum station suitable for some degassed steels in LFV (vacuum ladle furnace), furnace cover and cooling water system.

2.4 Slag and Fume Treatment Equipment

2.4.1 Fuming Furnace

The fuming furnace is a kind of equipment that blows the mixture of air and fine coal into the molten slag to volatilize some valuable metals in the form of metal, oxide or sulfide. It was originally used for treating lead blast furnace slag. In 1962, it was used to treat tin smelting slag in China, to obtain the flue dust containing about 50% tin and reduce the tin content from 3% to below 0.1% in slag.

In lead, zinc and tin smelters, all materials containing volatile valuable metals and their compounds can be treated by fuming furnace. Treating lead, zinc and tin slag with fuming furnace has many advantages, such as recycling the heat of molten slag, high metal recovery rate, high productivity, simple operation, and use of inferior coal or natural gas as fuel. The bottom, shaft, top and outlet flue of the fuming furnace are all composed of cooling water jackets, and the bottom is paved with a layer of refractory bricks. There is large fuel consumption in fuming furnace, and the heat recovery steam generator can be arranged to recover most of the waste heat.

2.4.2 Gravity Dust Collector

The gravity dust collection technology is used to separate dust from gas by gravity settlement of dust particles, and it is the oldest and simplest dust collection method. The gravity dust collector is also called the settling chamber. It has many advantages, such as simple structure, easy maintenance, small resistance (generally 50 – 150 Pa, mainly due to the pressure loss at the gas inlet and outlet), low maintenance cost, high durability, high reliability, few failures, resistance to higher fume temperature. It has also some disadvantages, such as low dust collection efficiency (generally only 40%–50%, suitable for collecting dust particles with a particle size of greater than 50 μm), large equipment and occupation area. The gravity dust collector can only be used to collect coarse particles of fume and dust, and it is mostly used as a multi-stage pre-dust collector. The storage bin (chute) and large flue with dust hopper can also play the role of inertial dust collector.

The operating principle of gravity dust collector is exampled as the horizontal airflow gravity dust collector. The gravity settling status of dust particles under the condition of horizontal flow of dusty gas is shown in Fig. 2 – 30. Under this condition, the dust particles are mainly affected by gravity, buoyancy and resistance during settlement. The gravity direction is consistent with the buoyancy direction, but the settlement direction is opposite to the settlement direction, therefore, the difference between them is the settling force of dust particles. The dust particles drop under the action of settling force, and quickly reach a balance between the settling force and the increasing resistance of the medium.

2.4.3　Cyclone Dust Collector

The cyclone dust collector is a kind of gas-solid separation equipment which separates dust from gas with the centrifugal force generated by rotating dusty airflow. The cyclone dust collector

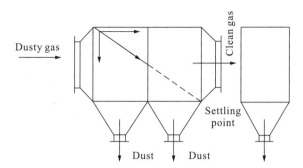

Fig. 2 – 30 Gravity settling process diagram of dust particles

has many advantages, such as simple structure, stable performance, low cost, small volume, convenient operation and maintenance, moderate pressure loss and low power consumption. It can be used for dust collection in high-pressure gas and dust with a particle size of above 5 μm, and belongs to a medium efficiency dust collector. It also has some disadvantage, such as low dust collection efficiency, and poor dust collection performance for dusty gases with large flow rate changes. The equipment resistance varies with the structure and inlet flow rate and can be up to 3,000 Pa. The dust collection efficiency is directly proportional to the resistance. In addition, the dust collection efficiency is also improved with increased dust density and the dust content in fume. If the fume dust has high hardness, the wear resistance of equipment shall be considered. The cyclone dust collector is made of ordinary steel plate, and its exterior can withstand a high temperature of 450 ℃.

The cyclone dust collector is generally composed of cylinder, cone, air inlet pipe, exhaust pipe and ash discharge pipe. The structure and internal gas flow of cyclone dust collector are shown in Fig. 2 – 31. Its operating principle is based on the centrifugal force, and its working process is as follows: When dusty gas enters the cyclone dust collector from tangential inlet, the gas flow will change from linear motion to circular motion. Most of the rotating airflow spirals downward from the cylinder to the cone along the inner wall of the equipment, which is usually called the external cyclone airflow. A centrifugal force of the dusty gas is generated in the rotating process, under which, the dust particles with relative density greater than that of the gas are thrown to the inner wall. Once the dust particles contact with the inner wall, they will lose their radial inertia force and drop along the inner wall under downward momentum and gravity, and enter the dust outlet. When the downward rotating gas reaches the cone, it moves closer to the center of the dust collector due to the contraction of the cone. Based on the principle of rotation matrix invariance, its tangential speed is continuously improved, and the centrifugal force on dust particles is also continuously strengthened. When the airflow reaches a certain position at the lower of the cone, it will turn from the middle of the cyclone dust collector from bottom to top in the same rotating direction for continuous spiral flow, that is, internal cyclone airflow. Finally, the

Metallurgical Equipment

purified gas and a part of the dust particles that are not collected are discharged through the exhaust pipe.

Another small part of the gas from the air inlet pipe flows to the top cover of the cyclone dust collector, then flows downwards along the outside of the exhaust pipe; when it reaches the lower of the exhaust pipe, it turns upside down and is discharged from the exhaust pipe together with the rising central airflow and the dust particles dispersed in this part of the airflow.

2.4.4 Bag Dust Fliter

The bag dust fliter is a kind of efficient equipment made of organic or inorganic fiber filter materials to filter and separate solid dust from dusty gas. Because the filter material is mostly made into bag shape, it is called the bag dust fliter. It is suitable for collecting non-cohesive and non-fibrous dust at initial mass concentration of $0.0001 - 200 \text{ g/m}^3$, and with the particle size of $0.1 - 200 \text{ μm}$. The dust at high mass concentration ($>200 \text{ g/m}^3$) or with particle size of greater than 200 μm shall be collected by cyclone dust collector firstly.

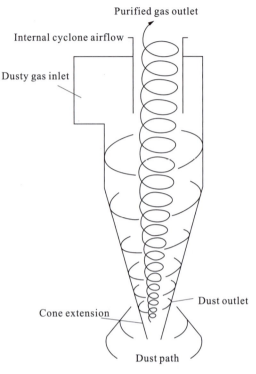

Fig. 2 – 31 Structure and internal airflow of cyclone dust collector

It has many prominent advantages, such as high dust collection efficiency (generally greater than 99%), strong adaptability (the dust properties have little influence on the dust collection efficiency) and stable operation. Compared with electrostatic precipitator, there is no complicated auxiliary equipment and technical requirements in the bag dust fliter, and its cost is lower. Compared with wet dust collection equipment, the dust recovery and utilization are more convenient, the antifreeze measures are not required in winter, and there are only lower requirements for prevention of corrosive dust. Therefore, it has simple structure and low cost and is widely used, and its quantity accounts for 60% – 70% of the total number of dust collectors. It is not suitable for treating gas containing deliquescent and cohesive dust. There are large collection resistance and poor conditions of checking and replacing filter bags of bag dust collector, especially for the dust collection of toxic fume and dust, some protections must be strengthened. The middle-rapping bag dust fliter is shown in Fig. 2 – 32.

2.4.5 Electrostatic Precipitator

The electrostatic precipitator (ESP) is a kind of dust collection equipment that ionizes dusty

2 Main Pyrometallurgical Equipment >>

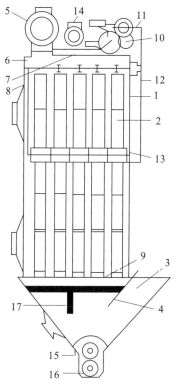

1. Filter chamber; 2. Filter bag; 3. Air inlet; 4. Air baffle; 5. Exhaust pipe; 6. Exhaust pipe value; 7. Return vent pipe value; 8. Bag hanging iron frame; 9. Lower board under filter bag; 10. Rapper; 11. Rocker; 12. Beating rod; 13. Frame; 14. Return vent pipe; 15. Screw conveyor; 16. Dividing wheel; 17. Electric heater.

Fig. 2-32 Schematic diagram of middle-rapping bag dust fliter

gas in HV(high voltage) electric field, charges dust particles or droplets, deposits them on electrodes under the action of electric force, so as to separate dust or droplets in gas, also known as the electric precipitator. Compared with other dust collectors, the electrostatic precipitator has some remarkable advantages, such as high dust collection efficiency (above 99%) for almost all kinds of dust, fume and extremely tiny particles, low equipment resistance, low operating cost, high temperature and high pressure resistance, wear resistance and good operating conditions. However, it also has a high construction cost and strict technical requirements for operation and management. The electrostatic precipitator is widely used in metallurgy and other industries.

There are many types and forms of electrostatic precipitators, but they are all based on the same operating principle. Usually, a grounded plate or tube is used as a dust collecting electrode, and a discharge electrode (corona wire) tensioned by a heavy hammer is placed between the plates or at the center of the tube to form a dust-collecting electrode. When it is used, a HVDC (high voltage direct current) power supply is applied to the two electrodes of the precipitator, to maintain an electrostatic field sufficient to ionize the gas between them. When the dusty gas enters the

Metallurgical Equipment

precipitator and passes through the electric field, a large number of positive and negative ions and electrons are generated, and the dust is charged, moved and then deposited in the precipitator electrode under the action of electric field force, so as to purify gas and collect dust. When the dust on the dust collecting electrode reaches a certain thickness, the dust can be removed by the dust cleaning mechanism into the dust hopper. The operating principle of electrostatic dust collection includes corona discharge, gas ionization, particle charging, particle deposition, dust removal and other processes.

In the electric field of electrostatic precipitator, there are two charging mechanisms of dust particles as follows: One is adsorption charging of ions in the electric field, which is usually called the electric field charging or collision charging; the other is the charging process caused by ion diffusion, which is usually called the diffusion charging. The charge of dust particles is related to some factors, such as particle size, electric field intensity and residence time, especially the electric field charging. The charging and movement process of dust particles in electrostatic precipitator is shown in Fig. 2-33.

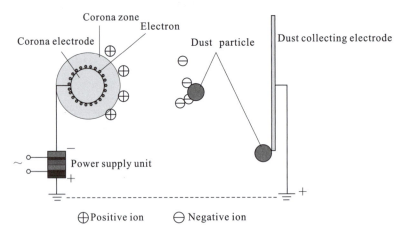

Fig. 2-33 Basic working principle diagram of electrostatic precipitator

The electrostatic precipitator is mainly composed of the mechanical body of the precipitator and the power supply unit, in which, the mechanical body of the precipitator is mainly composed of corona electrode, dust collecting electrode, dust cleaning device, air distribution device and the casing. Its common structure is shown in Fig. 2-34.

2.5 High Temperature Molten Salt Electrolyzer

In addition to the electrolysis in electrolyte aqueous solution, there is also another kind of electrolysis, that is, electrolysis in molten salt electrolyte, which is called the molten salt electroly-

2 Main Pyrometallurgical Equipment

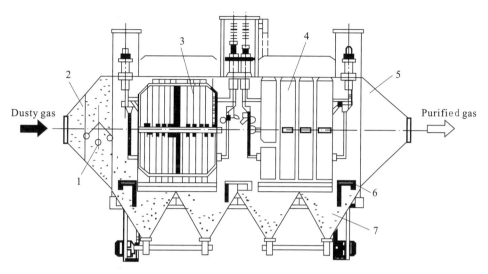

1. Rapper; 2. Air distribution plate; 3. Corona electrode; 4. Dust collecting electrode; 5. Casing; 6. Maintenance platform; 7. Dust hopper.

Fig. 2 – 34 Schematic diagram of horizontal electrostatic precipitator

sis. Some important industrial metals, such as alkali metals lithium, sodium, potassium, alkaline earth metals beryllium, magnesium, calcium and aluminum with a great output, can only be produced by molten salt electrolysis but not be reduced and precipitated from the cathode in aqueous solution because of the negative electrode potential. In addition, some metals that are difficult to be produce in aqueous solution, such as titanium, zirconium, tantalum, niobium, tungsten, molybdenum and vanadium, are also produced by molten salt electrolysis, but there is only a small output. The molten salt electrolysis is also used in the production of non-metals, especially fluorine, and some other non-metals, such as boron and silicon.

The high temperature molten salt electrolysis is represented typically by the production of aluminum. Since the cryolite-alumina molten salt electrolytic process for smelting aluminum was used in industrial production in 1888, with the continuous development of aluminum electrolysis production technologies and rising energy costs and increasingly stringent environmental requirements, the structure and capacity of the electrolyzer have also undergone major changes, and it has been developing towards large-scale and automation, among which, the most obvious one is the change of anode structure, with the improvement sequence as follows: Small prebaked anode → lateral conductive self-baking anode → upper conductive self-baking anode → large discontinuous and continuous prebaked anode → central processing (feeding) prebaked anode.

The prebaked anode electrolyzer is designed to make anode paste into a block by a forming machine (vibration or extrusion), bake it in a baking furnace in advance, assemble it with aluminum guide rod, steel claws and other components into an anode set (or anode block) and then directly hang it on the anode bus bar of the electrolyzer for production. This aluminum electrolyzer

Metallurgical Equipment

is called the prebaked anode cell. It can be divided into edge processing (feeding) prebaked anode electrolyzer and large central processing (feeding) prebaked anode electrolyzer. The latter is mainly used of electrolysis production of aluminum at present, with the structure as shown in Fig. 2 – 35.

The central processing (feeding) prebaked anode electrolyzer is equipped with a point type feeder and each electrolyzer is equipped with 3 – 6 crust baking and feeding devices for feeding materials regularly, which has some advantages, such as stable process conditions and stable alumina concentration in the electrolyte. The electrolyzer has a simple upper structure, which is convenient for sealing and large-scale application, as well as mechanization and automation of production. Therefore, it is a cell with high current efficiency, low energy consumption, high output and high productivity. At the same time, due to the use of pre-prepared anode carbon blocks, there is less fume and dust in production process, which is convenient for dry purification and recycling and beneficial to environmental protection.

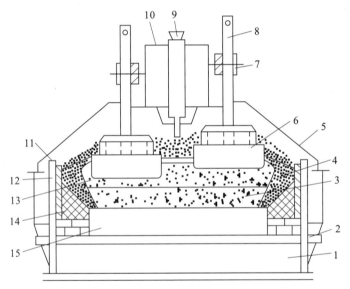

1. Brick lining on the cell bottom; 2. Steel cathode bar; 3. Molten aluminum;
4. Side ledge (furnace hearth); 5. Gas collecting hood; 6. Anode carbon block;
7. Anode bus bar; 8. Anode guide rod; 9. Crust baking and feeding device;
10. Steel supporting frame; 11. Side carbon block; 12. Cell casing; 13. Electrolyte;
14. Artificial ledge; 15. Cathode carbon block.

Fig. 2 – 35 Central processing (feeding) prebaked anode electrolyzer

3 Main Hydrometallurgical Equipment

3.1 Fluid Conveying Equipment

3.1.1 Pump

The liquid conveying is one of the most common operations in production. A pump is commonly used for conveying liquids and increasing the pressure of liquids, which is widely used in various fields, especially in hydrometallurgical production: Many raw materials, intermediate products and final products are liquid and required for feeding and discharging with pumps to meet the requirements of metallurgical process. The structures and materials of pumps are based on types and properties of liquids conveyed in metallurgical process, therefore, it is often necessary to choose some pumps with special materials and structures according to the production requirements.

1) Centrifugal pump

The centrifugal pump is a typical high-speed fluid conveying machine with rotating impeller used in metallurgical production, which has many advantages, such as simple structure, easy operation, adjustment and control, large and uniform flow, and its quantity accounts for about 80% of metallurgical fluid conveying pumps. It includes single-suction, double-suction, single-stage, multi-stage, horizontal, vertical, low-speed and high-speed types. By the conveying medium, it can be divided into water pump, corrosion-resistant pump, oil pump and impurity pump. At present, high-speed centrifugal pump has a rotating speed of 24,700 r/min, and the single-stage water head of 1,700 m. The single-stage centrifugal pump produced in China has a flow rate of 5.5 – 300 m^3/h.

The centrifugal pump (Fig. 3 – 1) is designed to convey liquids by the centrifugal force generated when the impeller rotates, and its operating processes includes a discharge process and a suction process. The main body of centrifugal pump is composed of a rotating part and a static part. The rotating part includes impeller and shaft, and the static part includes casing, shaft seals and bearings.

Metallurgical Equipment

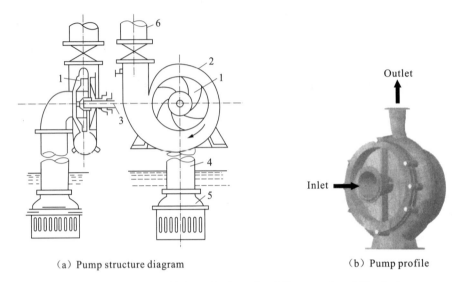

(a) Pump structure diagram   (b) Pump profile

1. Impeller; 2. Casing; 3. Shaft; 4. Suction tube; 5. Bottom valve; 6. Bleed tube.

Fig. 3-1 Centrifugal pump

2) Reciprocating pump

The reciprocating pump is the general name of piston pump, plunger pump and diaphragm pump. It is a widely used volumtric pump, belonging to the positive displacement pump. It is designed to transfer energy to the liquid to achieve the sucking and discharging operations by the reciprocating motion of the piston. The flowrate delivered by the reciprocating pump is only related to the displacement of the piston, and has nothing to do with the pipeline, but the water head of the reciprocating pump is only related to the pipeline.

The single action reciprocating pump is shown in Fig. 3-2, and is mainly composed of cylinder, piston, one-way suction valve and one-way discharge valve, etc. The rotation movement of the motor is converted into linear reciprocating movement by piston rod through the crank-connecting rod mechanism. During operating process, the piston reciprocates under the external force to change the volume and pressure of the cylinder and alternately open the suction and discharge valves for conveying liquid. The piston can move to the left and right ends (dead points) in the cylinder, and

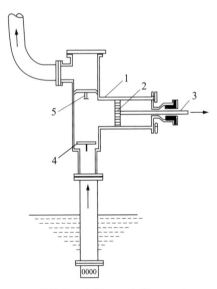

1. Cylinder; 2. Piston; 3. Piston rod;
4. Suction valve; 5. Discharge valve.

Fig. 3-2 Schematic diagram of single-acting reciprocating pump

the piston stroke between the two dead points is called the "stroke".

3) Rotary pump

The rotary pump is designed to suck and discharge liquid by the rotation of the rotor, also known as the rotor pump. There are many forms of rotary pumps, with similar operating principle. The gear pump (Fig. 3-3) is one of the most commonly used ones. It is mainly composed of an oval pump casing and two gears. One is a driving gear driven by the transmission mechanism, and the other is a driven gear that meshes with the driving gear and rotates in the opposite direction. When the gears rotate, the teeth of the two gears are separated from each other to form a low pressure to suck the liquid and push it to the discharge cavity along the casing wall. In the discharge cavity, the teeth of the two gears close to each other to form a high pressure to discharge the liquid. This cycle is repeated continuously to complete the liquid conveying. The gear pump has high pressure head and small flow rate, and can be used to convey viscous fluids and pastes, but it cannot convey suspended solid materials with solid particles.

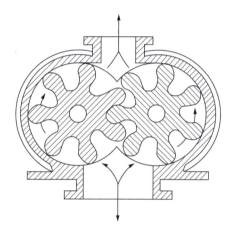

Fig. 3-3 Schematic diagram of gear pump

At present, the centrifugal pump is widely used in the metallurgical industry, because it has many advantages, such as simple and compact structure, direct connection with the motor, low requirements for the foundation, uniform flow rate, easy adjustment and used of various corrosion-resistant materials for conveying corrosive liquid with suspended substance. However, it also has some disadvantages, such low water head, no self-priming capacity and low efficiency.

3.1.2 Gas Conveying Equipment

The structure and operating principle of gas conveying equipment are basically the same as those of the liquid conveying equipment, and they are designed to apply the energy on the fluid to improve its static pressure. However, the gas conveying equipment have different features from the liquid conveying equipment because the gas compressibility is much bigger than the liquid. The gas conveying equipment has a large volume, high pressure head and more complicated structure. Besides the operating principle and equipment structure, the gas conveying equipment can also be classified by the outlet pressure (gauge pressure) or compression ratio, as shown in Table 3-1.

Table 3-1 Types of gas conveying equipment

Type	Outlet pressure (gauge pressure)	Compression ratio
Ventilator	$\leqslant 15$ kPa	1 - 1.15
Blower	15 - 300 kPa	< 4
Compressor	> 0.3 MPa	> 4
Vacuum pump	Normal pressure	Based on the vacuum degree

1) Ventilator

The ventilator can be used for circulating air and generating gas at higher pressure and negative pressure and so on. The ventilator can be divided into centrifugal and axial-flow types. The axial-flow ventilator is generally only used for ventilation because of its small wind pressure, and the centrifugal ventilator is most widely used in smelters. The centrifugal ventilators can be divided into three types by the wind pressure as follows.

Low pressure centrifugal ventilator: Wind pressure $\leqslant 1$ kPa (gauge pressure).

Medium pressure centrifugal ventilator: Wind pressure: 1 - 3 kPa (gauge pressure).

High pressure centrifugal ventilator: Wind pressure: 3 - 15 kPa (gauge pressure).

The basic structure and operating principle of centrifugal ventilator are similar to those of single-stage centrifugal pump, as shown in Fig. 3-4. Similarly, the pressure of the gas is also increased by the centrifugal force generated by the high-speed rotation of the impeller in the volute body for discharge.

2) Blower

Commonly used blowers include centrifugal and rotary types. The centrifugal blower is also called the turbo blower, and its basic structure and operating principle are similar to those of the centrifugal ventilator. It is characterized by high rotating speed, large displacement and simple structure. However, a single-stage blower cannot generate a large wind pressure (generally <30 kPa) because it has only one impeller. Therefore the centrifugal blower with a high wind pressure is generally a multi-stage centrifugal blower composed of several impellers connected in series.

There are many kinds of rotary blowers, including the most typical Roots blower (Fig. 3-5), and its operating principle is similar to that of gear pump. There are two rotors with special shapes (waist-shaped or triangular-shaped) in the casing. There is a small gap

3 Main Hydrometallurgical Equipment

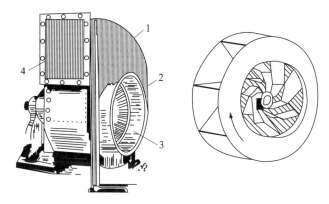

1. Casing; 2. Impeller; 3. Suction port; 4. Discharge port.

Fig. 3 – 4 Schematic diagram of centrifugal ventilator and impeller

between the two rotors and between the rotors and the casing, the rotors can rotate freely without excessive gas leakage, and the two rotors rotate in opposite directions, so that gas can be sucked from one side and discharged from the other side. The main feature of Roots blower is that the air volume is proportional to the rotating speed. When the wind pressure changes at the constant rotating speed, the air volume can be basically unchanged. In addition, this kind of blower has many advantages, such as high speed, no valve, simple structure, small mass, uniform exhaust, and large air volume change range ($2 - 500 \text{ m}^3/\text{h}$), but it also has some disadvantages, such as low efficiency, and its volumetric efficiency is generally $0.7 - 0.9$. A surge tank and a safety valve are installed at the outlet of Roots blower, the flow can be adjusted by bypass, and the operating temperature does not exceed 85 ℃ to prevent the rotor from being stuck due to thermal expansion.

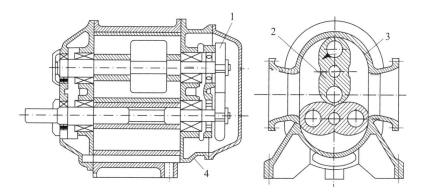

1. Synchronous gear; 2. Rotor; 3. Cylinder; 4. Cover.

Fig. 3 – 5 Schematic diagram of Roots blower

3) Compressor

There are mainly two kinds of compressors used in metallurgical production as follows: Reciprocating and centrifugal types. Because the basic structure and operating principle of centrifugal compressor are exactly the same as those of centrifugal blower, the reciprocating compressor is mainly introduced as follows.

The structure and operating principle of reciprocating compressor are similar to those of reciprocating pump. It is mainly composed of cylinder, piston, suction valve and exhaust valve. A vertical single-acting double-cylinder compressor is shown in Fig. 3 – 6. There are two parallel cylinders in the compressor body, the two pistons are connected to the same crank, and the suction valve and exhaust valve are arranged on the upper of the cylinders. The piston is driven by the crank-link mechanism for reciprocating motion in the cylinder. The gas is compressible and has low density. In order to remove the heat released by gas compression, some cooling fins are installed on the cylinder wall to cool the gas in the cylinder.

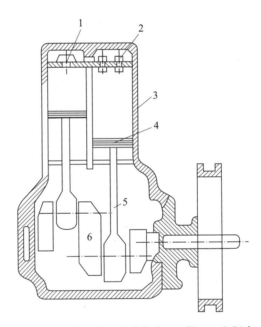

1. Exhaust valve; 2. Suction valve; 3. Cylinder; 4. Piston; 5. Link; 6. Crank.

Fig. 3 – 6 Schematic diagram of vertical single-acting double-cylinder compressor

4) Mechanical vacuum pump

The vacuum pump is a machine designed to pump the air from a device or system to make its absolute pressure lower than the external normal pressure. The vacuum pump is also a compressor in essence, but it has low inlet pressure and normal outlet pressure. There are many types of vacuum pumps, which can be divided by the degree of vacuum as follows.

(1) Low vacuum: Pressure (absolute pressure), $10^5 - 100$ Pa; such as wet vacuum pump, mechanical vacuum pump and jet vacuum pump.

(2) Medium vacuum: Pressure (absolute pressure), $100 - 0.1$ Pa; such as mechanical vacuum pump, jet vacuum pump (single-stage steam jet pump, as shown in Fig. 3-7).

(3) High vacuum: Pressure (absolute pressure), $0.1 - 10^{-5}$ Pa; such as diffusion pump-mechanical vacuum pump system.

(4) Ultra-high vacuum: Pressure (absolute pressure): $<10^{-5}$ Pa; such as a multi-stage system composed of adsorption pump, diffusion pump, mechanical vacuum pump.

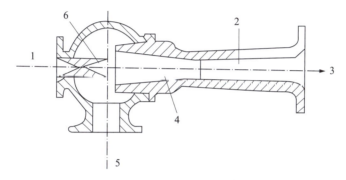

1. Working steam; 2. Diffusion tube; 3. Pressure outlet; 4. Mixing chamber; 5. Bleed port; 6. Nozzle.

Fig. 3-7 Schematic diagram of single-stage steam jet pump

3.1.3　Instruments

The velocity and flow rate of fluid are important parameters for industrial production. According to the requirements of production tasks, it is often necessary to adjust and control the flow rate of fluid, so it must be measured. The pitot tube, orifice meter, Venturi meter and rotameter are commonly used instruments for measuring flow rate.

1) Pitot tube

The pitot tube (Fig. 3-8) is composed of two concentric sleeves bent at right angles and a U-shaped tube. There is no hole in its inner tube wall, the annular gap at the end of the sleeve is closed, and there are several pressure measuring holes in the wall surface of the outer tube along the circumference near the end. In

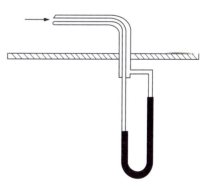

Fig. 3-8 Schematic diagram of pitot tube

Metallurgical Equipment

order to reduce the measurement error caused by eddy current, the front end of the pitot tube is usually hemisphere. During measuring process, the nozzle of the pitot tube faces the direction of flow in the tube, and its inner tube and outer tube are respectively connected with the two ends of the U-shaped differential pressure gauge.

2) Orifice meter

The orifice meter (Fig. 3-9) is a differential pressure flowmeter, which is designed to measure the flow rate with the pressure difference generated by fluid through throttling element. The throttling element of orifice meter is an orifice plate, that is, a metal plate with a circular hole in the center. The orifice plate is installed vertically in the tube, used to measure the pressure difference between its front and rear ends with a certain pressure-measuring method, and connected to the differential pressure gauge, to form the orifice meter.

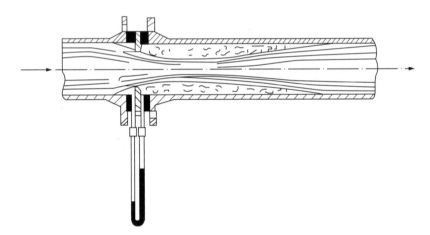

Fig. 3-9 Schematic diagram of orifice meter

3) Venturi meter

The main disadvantage of orifice meter is large energy loss. In order to reduce the energy loss, a Venturi meter can be used, that is, a section of tapered and expanding tube can be used instead of the orifice plate, as shown in Fig. 3-10. When the fluid flows through it, compared with the orifice meter, the energy loss is greatly reduced because the velocity changes gently and there is less vortex due to the gradual contraction and expansion. The measuring principle of Venturi meter is the same as that of the orifice meter, and it is also a differential pressure flowmeter.

4) Rotameter

Rotameter (Fig. 3-11) is composed of a conical glass tube with thick upper section and thin bottom section and a solid rotor with a density that is greater than that of the measured fluid in the tube. Its operation principle is as follows: The fluid flows from the

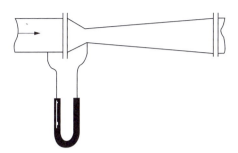

Fig. 3-10　Schematic diagram of Venturi meter

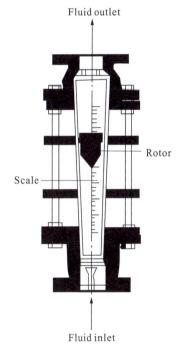

Fig. 3-11　Schematic diagram of rotameter

bottom of the glass tube, passes through the annular gap between the rotor and the tube wall, and then flows out from the top. When no fluid passes through the tube, the rotor will drop to the bottom of the tube. When a kind of fluid to be measured flows through the annular gap between the rotor and the tube wall at a certain flow rate, because the cross section of the flow channel decreases and the velocity increases, the pressure will decrease, a pressure difference will be generated on the upper and lower ends of the rotor, and the rotor will float at this pressure difference. When the rotor is floating, the annular gap will gradually increase, the velocity will decrease, and the pressure difference between the two ends of the rotor will gradually decrease. When the rotor floats at a certain height, the lift force caused by the pressure difference between the two ends of the rotor will be just equal to the gravity of the rotor, and the rotor will no longer rise and float at the height.

3.2　Wet Mixing Reactor

The wet mixing reactors include wet stirring reactors and tube reactors. The main processeses of wet stirring operation are as follows: Put several kinds of liquid in a container, and stir them with the rotating impeller (stirrer) immersed or other means to mix them uniformly and accelerate the heat and mass transfer process. The equipment for this mixing operation process is called the wet stirring reactor. The wet stirring reactors can be divided into two categories as follows: One is the mechanical stirring reaction equipment, designed to stir and mix the liquid with the rotating impeller (stirrer); the other is the equipment that stirs the materials by fluid flow for stirring and mixing operation, such as gas flow mixing equipment.

3.2.1 Leaching Tank

The leaching process of minerals is a very important process in hydrometallurgical production, and it usually includes grinding of raw materials, classification, leaching and liquid-solid separation of pulp. The leaching equipment usually includes stirring leaching equipment, high-pressure leaching equipment, infiltration leaching equipment and so on.

1) Mechanical agitation leaching tank

Its structure is shown in Fig. 3 – 12. It is mainly composed of tank body, heating system and stirring system.

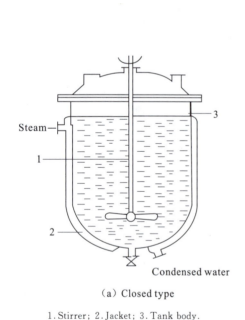

(a) Closed type

1. Stirrer; 2. Jacket; 3. Tank body.

(b) Ordinary type

1. Driving device; 2. Gearbox; 3. Vent hole; 4. Bracket; 5. Tank cover; 6. Liquid inlet; 7. Tank body; 8. Acid-resistant tile; 9. Discharge port; 10. Stirring shaft; 11. Stirring blade; 12. Liquid outlet; 13. Liquid outlet hole.

Fig. 3 – 12 Schematic diagram of mechanical agitation leaching tank

2) Air-agitated (pachua) tank

Its structure is shown in Fig. 3 – 13. A central tube with two open ends is arranged in the tank, and compressed air is introduced from the lower part of the central tube. During the process of bubbles rising along the tube, the pulp is sucked in and rises from the lower part, flows out from the upper end of the tube, and flows downwards outside the tube, and so on. Compared with the mechanical agitation leaching tank, the air-agitated tank is characterized by simple structure, easy maintenance and operation, which is beneficial to the gas, liquid or gas, liquid, solid phase reactions, but its power consumption is about three times that of the mechanical agitation leaching tank. This equipment is often used for leaching precious metals.

3) Tubular leaching tank

Its operating principle is shown in Fig. 3 - 14. The mixed pulp is pumped into the reaction tube at a relatively fast speed (0.5 - 5 m/s) by a diaphragm pump, and a heating device is arranged outside the reaction tube to heat the pulp.

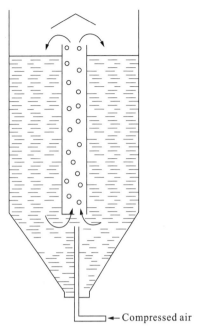

Fig. 3 - 13 Schematic diagram of air-agitated tank

The front part of the reaction tube is mainly heated by the residual heat of the reacted pulp with a jacket, and the rear part is heated by high-pressure steam to the highest temperature required for leaching operation. Therefore, the pulp is gradually heated and reacts during the process of passing through the pipeline. The tubular leaching tank is characterized by good mass and heat transfer effects due to the rapid flow of pulp and pipeline is in a highly turbulent status, high leaching efficiency at a high temperature, and less reaction time than that of stirring leaching process.

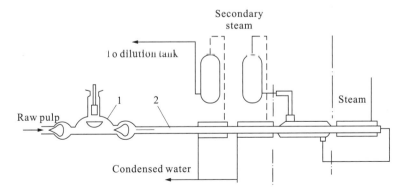

1. Diaphragm pump; 2. Reaction tube.

Fig. 3 - 14 Operating principle of tubular leaching tank

4) Fluidization leaching column

Its operating principle is shown in Fig. 3-15. The raw materials of mineral are added into the leaching tower through the feeding port, and the leaching agent solution is continuously fed into the tower from the nozzle. In the tower, because the linear speed exceeds the critical speed, the solid materials are fluidized, forming a fluidized bed. Because of the good mass and heat transfer conditions between the two phases in the bed, various leaching reactions are carried out quickly. When the leachate flows to the expansion section, the flow rate decreases below the critical speed, the solid particles settle, and the supernatant flows out from the overflow port. In order to ensure the leaching temperature, the tower can be jacketed and heated by steam or other heating means.

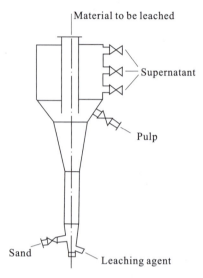

Fig. 3-15 Operating principle of fluidization leaching column

5) Tank reactor

Its leaching rate generally increases obviously with the increase of temperature, and some leaching processes may be carried out above the boiling point of the solution. For some leaching processes involved in reaction with gases, the pressure increase of gas reactant is beneficial to the leaching process, so it shall be carried out under high pressure, which is called the high pressure leaching or pressure leaching process. The high pressure leaching is carried out in an autoclave, and the operating principle and structure of the autoclave are similar to those of the mechanical agitation leaching tank. However, it has high pressure resistance and good seal. In terms of the equipment, it belongs to a mechanical agitation leaching process. The autoclaves includes vertical and horizontal types. The horizontal autoclave is shown in Fig. 3-16. Its material is similar to the above-mentioned mechanical agitation leaching tank. Generally, the leaching tank is divided into several chambers that the pulp continuously overflows and passes through, and each chamber is equipped with a separate stirrer.

3.2.2 Purification Tank

The purification tank is the main equipment in the purification process, including fluidized purification tank and mechanical stirring purification tank.

3 Main Hydrometallurgical Equipment

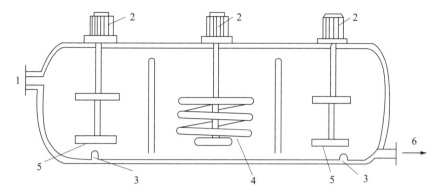

1. Feeding port; 2. Stirrer and motor; 3. Oxygen inlet; 4. Cooling tube; 5. Impeller; 6. Discharge port.

Fig. 3 – 16 Structure diagram of horizontal autoclave

1) Fluidized purification tank

The continuous fluidized purification tank (Fig. 3 – 17) is often used in wet zinc smelting plants to remove copper and cadmium diagram. The zinc powder is added from the upper draft tube, and the solution is fed in the tangential direction from the lower liquid inlet, spires up in the tank, and flows in reverse flow direction of zinc powder, and they are stirred strongly in the fluidized bed to accelerate the displacement reaction. The equipment has many advantages, such as simple structure, continuous operation, enhanced process, high production capacity, long service life and good operating conditions.

2) Mechanical stirring purification tank

Generally, its volume is 50 – 100 m^3, but tends to be enlarged to 150 m^3 or 220 m^3. The tank body is made of wood, stainless steel and reinforced concrete. The stirrer in the tank is made of stainless steel, and has a rotating speed of 45 – 140 r/min. The mechanical stirring purification tank can be operated separately, or several tanks can be arranged in steps or connected with siphons for continuous operation. The

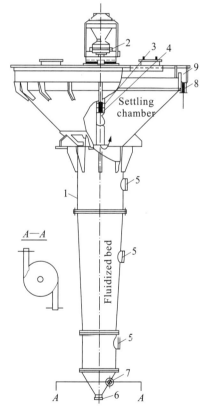

1. Tank body; 2. Feeding disc; 3. Stirrer;
4. Feeding cylinder; 5. View hole; 6. Tophole;
7. Liquid inlet; 8. Liquid outlet; 9. Overflow port.

Fig. 3 – 17 Schematic diagram of continuous fluidized purification tank structure of the mechanical stirring purification tank is shown in Fig. 3-12(b).

3.2.3 Mixer-Settler

The mixer-settler is mostly used as the extraction equipment in hydrometallurgy, and its basic structure and operating principle are shown in Fig. 3-18 and Fig. 3-19 respectively. In Fig. 3-18, the mixing chamber is arranged on the right and used for two-phase mixing and a false bottom is arranged below. The aqueous phase is fed below the false bottom of the mixing chamber from the right inlet, and the organic phase is fed from the organic phase inlet. The two-phase mixed liquid (often called the mixed phase) are mixed by stirring and introduced into the clarifying chamber through the overflow port for gravity separation. The separated organic phase flows to the tail of the tank, into the aqueous phase chamber from above the overflow weir and then flows out through the overflow weir. At the same time, the stirrer is also used as a suction pump of liquid, to drive the flow of the two phases to all levels, so that the organic phase and the aqueous phase flow in contraflow in all levels. The mixer-settler has many advantages, such as easy to enlarge and good operation stability, and can be made of various materials; it also has some disadvantages, such as large occupation space and large liquid stock.

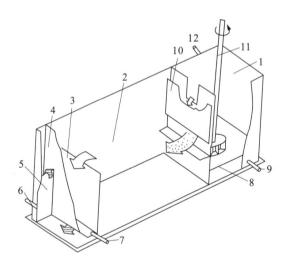

1. Mixing chamber; 2. Clarifying chamber; 3. Overflow weir; 4. Aqueous phase chamber baffle;
5. Aqueous phase weir; 6. Aqueous phase outlet; 7. Organic phase outlet; 8. False bottom;
9. Aqueous phase inlet; 10. Mixed phase baffle; 11. Stirrer; 12. Organic phase inlet.

Fig. 3-18 Basic structure diagram of mixer-settler

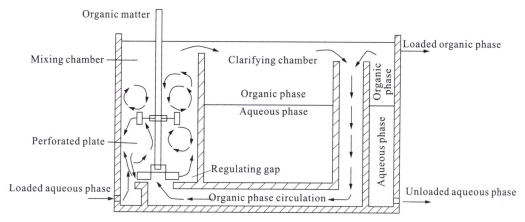

Fig. 3 – 19 Operating principle diagram of mixer-settler

3.3 Liquid-Solid Separator

The hydrometallurgy process is essentially to gradually separate valuable metals from materials, and the products obtained are generally a liquid-solid mixture. For example, the product obtained by leaching raw materials of mineral (or secondary materials in metallurgy production) is a liquid-solid mixture—ore pulp, which must be separated for the final purpose, that is, to separate the main metal from the impurities. The liquid-solid separation refers to the separation of solid and liquid phases from a mixture. There are many liquid-solid separation methods in the actual production processes, and they can be divided into concentration and filtration based on their principles.

The concentration is a process that precipitates the solid particles from the solution and clarify the solution based on the different densities of solid and liquid phases and under the action of gravity. The solid phase obtained after concentration is still a thick mud with a liquid-solid ratio of $(2-4)/1$, and some supernatant solutions also contain a small amount of suspended solid materials, so the concentration is the preliminary operation for liquid-solid separation in pulp. There are two concentration and sedimentation processes as follows: Gravity sedimentation and centrifugal sedimentation. The thickener is a kind of typical equipment for gravity sedimentation.

3.3.1 Thickener

The thickener is an industrial equipment that completely improves the concentration of thick mud and gets supernatant by sedimentation. It is composed of tank body, rake arm, driving device, lifting device and other parts. By the driving mode, it can be divided into central driving and peripheral driving types, and the peripheral driving mode is adopted for concentration with a large diameter. By the shape of the tank, it can be divided into cone-bottom and inclined-bottom types, and the cone-bottom thickener is the most widely used in the production process. The structure and concentration process of the central driving cone-bottom thickener are shown in Fig. 3 – 20.

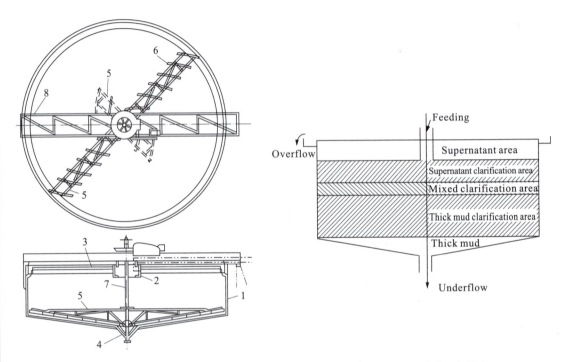

1. Circular tank body; 2. Feeding inlet; 3. Overflow weir; 4. Discharge cone; 5. Rake; 6. Blade; 7. Vertical shaft; 8. Truss.

Fig. 3 – 20 Structure and concentration process diagram of central driving cone-bottom thickener

3.3.2 Hydrocyclone

The hydrocyclone is a kind of equipment for separating solid and liquid phases in suspension based on centrifugal sedimentation principle, and it can also be used as the classification equipment. The hydrocyclone is composed of a cylinder part and a cone part, as shown in Fig. 3 – 21. A pulp feeding pipe is arranged at the upper of the cylinder in the tangential direction, an overflow port is arranged in the middle of the cylinder, and a taphole is arranged at the bottom of the cone. After the pulp is fed, it rotates at a high speed in the cylinder part, and moves downwards along the cylinder wall. Because the density of solid particles is higher than that of liquid, and it is subjected to a greater centrifugal force in rotating process, they move downward along the cylinder wall to the taphole and are discharged as the underflow, and the supernatant is discharged from the upper center overflow port. The hydrocyclone is characterized by the small cylinder diameter and the long cone part. The cylinder with small diameter is beneficial to increase the inertial centrifugal force and improve the settling speed, while the long conical part can increase the flow range of the liquid, and then prolong the residence time of the suspension in the equipment.

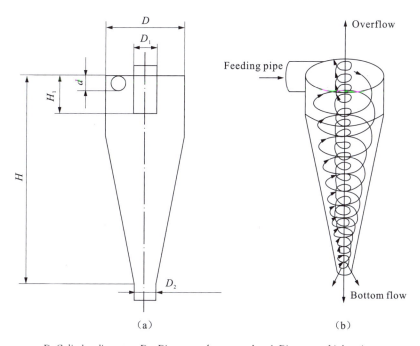

D. Cylinder diameter; D_1. Diameter of center tube; d. Diameter of inlet pipe;
H. Center tube hight; H_1. Height of bydrocyclone; D_2. Diameter of cone bottom outlet.

Fig. 3-21 Schematic diagram of hydrocyclone

3.3.3 Filtering Equipment

A long time is required for the gravity sedimentation operation, which cannot meet the requirements for some materials that need liquid-solid separation in time, and there are more suspended solid particles in the liquid obtained. The filtering operation can accelerate the separation of suspension quickly and completely. The filtering operation has the operating principle as follows: Use the substance with capillary pores as the medium to form a

Metallurgical Equipment

pressure difference on both sides of the medium, resulting in a driving force to introduce the liquid pass through the fine pores and then trap the suspended solid materials on the medium. By the driving force, the filtering equipment can be divided into pressure, centrifugal and vacuum types. Common filters have the following types.

1) Plate and frame filter press

The plate and frame filter press is one of the most widely used intermittent filters. The general plate and frame filter press is composed of many filter plates with concave-convex lines and hollow filter frames alternately arranged, and a filter cloth is sandwiched between each filter plate and filter frame, which divide the filter press into several separate filter chambers, and the plates and frames are tightly joined by rotating the head screw, as shown in Fig. 3 – 22. The plate and frame filter press is mainly composed of pressing device, head plate, filter frame, filter plate, filter cloth, tail plate, plate separating device and bracket. The filter plates and the filter frames are generally square, and the corners of the plates and frames are both provided with round holes, which form a channel for the flow of filter pulp, filtrate or washing liquid after being assembled and pressed.

When the plate and frame filter press is operated, the raw material liquid is fed into the filter frames from the pore channels under pressure, and the filtrate passes through the filter cloth attached to the filter plated and is discharged from the small holes along the channel on the plates, and the generated filter slag is left in the frame to form a filter cake. When the filter frame is filled with filter slag, the head screw can be loosened, to take out the filter frame and remove the filter cake, and then the filter frame and filter cloth shall be cleaned and reassembled for next filtering operation.

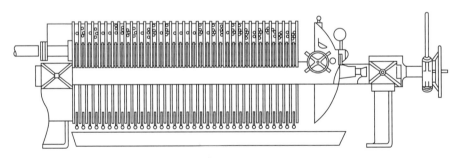

Fig. 3 – 22 Schematic diagram of plate and frame filter press

2) Box filter press

The box filter press has the same operating principle and similar appearance as those of the plate and frame filter press, but their filter chamber structures are different. The automatic box filter press is shown in Fig. 3 – 23. It is composed of tail plate assembly, filter plate, main beam and plate pulling device, vibration device, head plate assembly, pressing device, filtrate collection tank, filter cloth and hydraulic system. In the box filter press, the filter frame is replaced with the filter plate with inward concaved prismatic surface, that is, the functions of the filter plate and the filter frame of the plate and frame filter press are combined together.

When the box filter press is operated, the filter plates are pressed tightly to form a filter chamber, the pulp is fed into the filter chambers through the central hole, and the filter chambers between the plates are connected in series. The filter plate is covered with filter cloth with a central hole, and the filter cloth is fixed on the plate at the central feeding hole or sewn at the central hole of the filter cloth in the adjacent chamber. The pulp is fed by the feeding pump, and the filtrate passes through the filter cloth and the small groove on the filter plate and is discharged from the liquid outlet at the lower corner of the filter plate. When the filtering speed is reduced to a certain degree, the feeding operation is stopped. If required, the filter cake can be washed and air-dried, and then the filter plate can be pulled out, to discharge the filter cake by its own mass or by a discharging device.

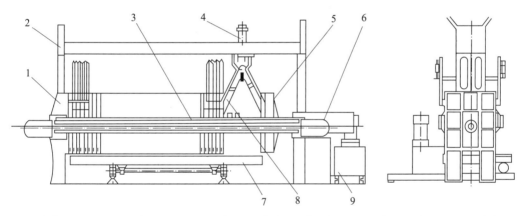

1. Tail plate assembly; 2. Filter plate; 3. Main beam and plate pulling device; 4. Vibration device; 5. Head plate assembly; 6. Pressing device; 7. Filtrate collection tank; 8. Filter cloth; 9. Hydraulic system.

Fig. 3 - 23 Schematic diagram of automatic box filter press

3) Centrifugal filter

The centrifugal filtration is designed to separate solid and liquid phases with the centrifugal force generated by mechanical rotation. The centrifugal filtration does not require density difference between liquid phase and solid phase to be separated, so it can be used to treat suspensions or emulsions that are difficult to separate with common methods. There are evenly distributed holes in the filter frame of the centrifugal filter, and the inner wall of the drum is covered with filter cloth. The suspension is added into the drum and rotates with it, and the liquid is thrown out by the centrifugal force and the particles are trapped in the drum. The centrifugal filtration process includes feeding, filtering, washing, spin-drying and filter cake removing processes. At present, the three-legged filter centrifuge is widely used in China, as shown in Fig. 3 – 24. Its rotating drum is vertically supported on three swing rods with buffer springs to reduce the center of gravity deviation caused by feeding or other reasons.

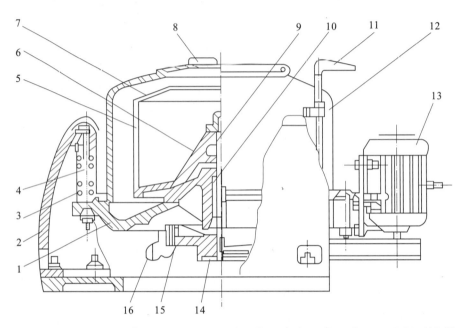

1. Chassis; 2. Support; 3. Buffer spring; 4. Swing rod; 5. Drum body; 6. Drum bottom; 7. Liquid baffle; 8. Cover; 9. Main shaft; 10. Bearing pedstal; 11. Brake handle; 12. Casing; 13. Motor; 14. V-belt; 15. Brake wheel; 16. Filtrate outlet.

Fig. 3 – 24 Schematic diagram of three-legged centrifugal filter (top discharge)

4) Vacuum filter

Both sides of the filter surface of vacuum filter are under different pressures, and the side contacting pulp is under atmospheric pressure, while the back of the filter surface is connected to the vacuum source; the vacuum equipment (vacuum pump or jet pump) provides negative pressure to form a suction force, so that the solid particles in the filtrate pass through the filter cloth and form a filter cake on its surface to complete liquid-solid separation. The driving force of vacuum filtration is much smaller than that of the pressure filtering equipment. The vacuum filtering equipment commonly used in hydrometallurgy includes rotary drum vacuum, disc vacuum and belt vacuum types. The rotary drum vacuum filter is the most widely used vacuum filter in hydrometallurgy.

The rotary drum vacuum filter, also known as rotary cylinder vacuum filter, is a continuous filter. It has many advantages, such as large production capacity, high degree of mechanization and good material adaptability. Among the continuous vacuum filters, the scraper discharge rotary drum vacuum filter is the most widely used, which is a kind of the lateral feeding and external filtering equipment. The scraper discharge rotary drum vacuum filter is mainly composed of rotary drum, pulp storage tank, stirring device, distribution head, iron wire winding device and driving system, as shown in Fig. 3 – 25.

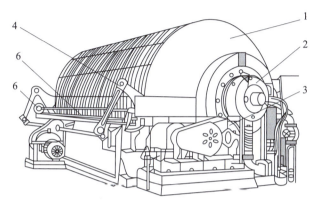

1. Drum; 2. Distribution head; 3. Driving system; 4. Stirring device;
5. Pulp storage tank; 6. Iron wire winding device.

Fig. 3 – 25 Structure diagram of scraper discharge rotary drum vacuum filter

3.4 Electrolytic Equipment

Some metals obtained in pyrometallurgical process whose impurity content may not meet their application requirements, are often further purified in electrolytic refining process to obtain a higher purity. The main equipment used for electrolytic refining or electrodeposition process is the electrolyzer, supported by some auxiliary equipment such as power supply system and electrolyte circulation system, in which, the power supply system is composed of transformer, rectifier, power transmission lines and so on, and the electrolyte circulation system is composed of heater or cooler, storage tank, pump and pipelines and so on. In addition, there may be other important electrolytic auxiliary equipment such as plate shaping unit, plate preparation unit and stripping machine.

3.4.1 Electrolyzer

The aqueous solution electrolyzer is a rectangular and uncovered tank, generally made of reinforced concrete with the whole column on-site prefabrication, single tank integral prefabrication and other methods. In recent years, a new type of polyethylene integral electrolyzer has been widely used. The electrolyzer is installed on the reinforced concrete beam. In order to prevent the electrolyte from dripping on the beam and causing corrosion and leakage, a soft PVC protective plate with a thickness of 3 – 4 mm and a width of 200 – 300 mm wider than that on each side of the beam is laid on the beam first, and then insulating tiles and plastic plates are padded at the four corners under the bottom of electrolyzer. There are several leakage detection holes at the bottom of the electrolyzer body, used to check whether the lining of the electrolyzer is damaged.

The ceramic tiles or plastic plates are laid as the inner lining of the electrolyzer; a busbar is arranged on its long wall, and cathodes and anodes suspended on a conductive rod are alternately and parallelly hung on the busbar. Based on the different circulation modes of electrolyte, there are different types of liquid inlet pipes in the tank, a baffle is arranged at the liquid outlet to adjust the liquid level, and a liquid outlet is arranged outside the tank. There is one or two discharge funnels at the bottom of the electrolyzer for discharging anode mud or electrolyte. The funnel plugs are made of acid-resistant ceramics or hard lead embedded with rubber rings in the middle for leakage prevention.

Usually, many electrolyzer are arranged in a row, and an insulation gap of 20 – 40 mm is left between two adjacent ones to prevent short circuit and leakage. Generally, the width of electrolyzer is determined by the size of cathode plate used, and the length is determined by the number of cathode and anode plates in each tank and the electrode spacing. Several common aqueous solution electrolyzers are shown in Fig. 3 – 26 – Fig. 3 – 29.

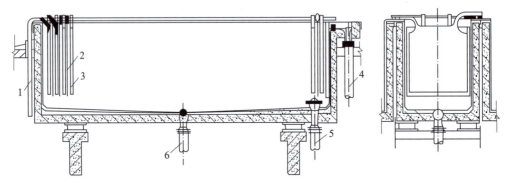

1. Liquid inlet pipe; 2. Anode; 3. Cathode; 4. Liquid outlet pipe; 5. Liquid discharge pipe; 6. Anode mud pipe.

Fig. 3 – 26 Structure diagram of Copper Electrolyzer

3.4.2 Rectifier

The AC(alternating current) power needs to be converted into DC power by a rectifier before it is used for electrolytic production of metals in aqueous solution electrolyzer.

3 Main Hydrometallurgical Equipment

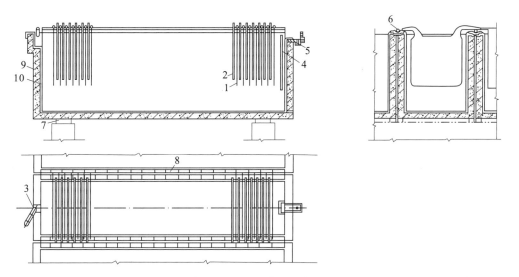

1. Cathode; 2. Anode; 3. Liquid inlet pipe; 4. Overflow tank; 5. Liquid return pipe; 6. Inter-tank conductive rod; 7. Insulating tiles; 8. Inter-tank tiles; 9. Tank body; 10. Asphalt cement lining

Fig. 3-27 Structure diagram of lead electrolyzer

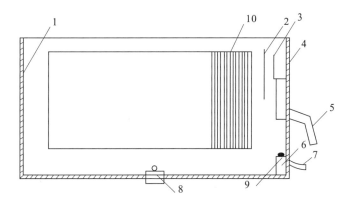

1. Tank body (made of plastic plates outer lined with steel frame); 2. Overflow bag; 3. Overflow weir; 4. Overflow box; 5. Overflow pipe; 6. Supernatant box; 7. Supernatant overflow pipe; 8. Bottom plug; 9. Supernatant lead plug; 10. Guide frame.

Fig. 3-28 Structure diagram of zinc electrolyzer

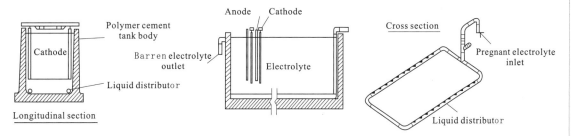

Fig. 3-29 Structure diagram and liquid distribution of large electrolyzer

Metallurgical Equipment

There are fixed models of rectifiers generally, and the model and number shall be based on their actual voltage and current conditions. Actually, the rectifier can be chosen on the basis of the selected theoretical current intensity and the tank voltage calculated, taking into account of affluence coefficient.

Peralatan Metalurgi

1 Pendahuluan

1.1 Logam dan Klasifikasinya

Logam mempunyai sifat mengilap, plastisitas, konduktivitas listrik dan konduktivitas panas yang baik. Dalam tabel periodik, unsur-unsur selain unsur logam secara umum disebut sebagai unsur bukan logam. Sejauh ini, manusia telah menemukan sebanyak 118 unsur, dimana termasuk 97 unsur logam. Penemuan dan pemanfaatan logam oleh manusia dapat ditelusuri kembali ke sekitar 5.000 tahun yang lalu. Logam diklasifikasikan sesuai metode klasifikasi industri, metode ini masih digunakan hingga saat ini meskipun tidak memiliki bukti ilmiah yang ketat.

Di industri modern, logam secara umum dibagi menjadi dua kategori: Logam ferro (logam besi) dan logam non-ferro (logam bukan besi), di antaranya besi (Fe), kromium (Cr), dan mangan (Mn) adalah logam ferro, dan sisanya adalah logam non-ferro. Menurut keberbedaan sifat dan penyebarannya di alam, logam non-ferro dapat dibagi menjadi lima kategori: Logam berat, logam ringan, logam mulia, logam jarang, dan semi logam. Klasifikasi logam non-ferro adalah seperti yang ditunjukkan pada Tabel 1-1.

Tabel 1-1 Klasifikasi logam non-ferro

Jenis	Logam	Fitur
Logam berat	Tembaga, timbel, seng, nikel, kobalt, timah, antimon, raksa, kadmium, bismut	Kepadatan tinggi ($7-11$ g/cm^3)
Logam ringan	Aluminium, magnesium, natrium, kalium, kalsium, stronsium, barium	Kepadatan rendah ($0,53-4,5$ g/cm^3)
Logam mulia	Emas, perak, dan logam golongan platina (platina, iridium, osmium, ruthenium, rodium, paladium)	Kandungannya di kerak bumi relatif kecil, sulit untuk diekstraksi, harga relatif tinggi, kepadatan tinggi ($10,4-22,4$ g/cm^3), titik lebur tinggi ($1.189-3.273$ K), dan sifat kimianya yang stabil

Peralatan Metalurgi

Tabel 1-1 (lanjutan)

Jenis		Logam	Fitur
Logam jarang	Logam ringan jarang	Litium, rubidium, sesium, berilium	Kepadatan kecil ($0,53 - 1,859$ g/cm^3), keaktifan kimia tinggi. Oksida dan kloridanya stabil dan sulit direduksi menjadi logam. Umumnya diproduksi dengan cara elektrolisis leburan garam (*melton salt electrolysis*) dan proses reduksi metalotermik
	Logam tahan api jarang	Titanium, zirkonium, hafnium, vanadium, niobium, molibdenum, wolfram, renium	Titik lebur tinggi (titanium 1.933 K, wolfram 3.683 K), ketahanan korosi yang baik, dengan valensi yang berbeda
	Logam tersebar jarang	Galium, indium, talium, germanium, selenium, telurium	Jarang terbentuk secara terpisah, tersebar secara merata, dan kecil jumlahnya dalam mineral lain. Hanya dapat dilebur menjadi logam setelah pengayaan (*enrichment*)
	Logam tanah jarang	Skandium, itrium, dan lantanida (terdiri dari 15 unsur, dari lantanum dengan nomor atom 57 sampai lutetium dengan nomor atom 71)	Sifat fisik dan kimianya sangat mirip, seringkali bersimbiosis dalam mineral, dan sulit dipisahkan
	Logam radioaktif jarang	Polonium, Fransium, radium, aktinida dan unsur-unsur dari nomor 104 hingga 116 dalam tabel periodik	Radioaktif, sebagian besarnya bersimbiosis atau berasosiasi dengan mineral tanah jarang
Semi logam		Boron, silikon, arsen, astatin	Atau dikenal sebagai metaloid, yang konduktivitasnya antara konduktivitas logam dan nonlogam, semuanya memiliki satu atau beberapa jenis isomer, dan salah satunya memiliki sifat logam

1.2 Metalurgi dan Metodenya

Metalurgi adalah bidang ilmu yang mempelajari cara mengekstraksi logam atau senya-

1 Pendahuluan

wa logam dari bijih atau bahan baku lainnya secara ekonomis, dan memprosesnya menjadi bahan logam dengan sifat tertentu melalui berbagai metode pengolahan. Metode metalurgi adalah berbeda karena sifat yang berbeda dari bahan mentah mineral yang diekstraksi dari logam yang berbeda, yaitu proses dan peralatan produksi yang digunakan berbeda, sehingga membentuk membentuk disiplin ilmu khusus-metalurgi. Metalurgi dibagi menjadi dua cabang: metalurgi ekstraksi dan metalurgi fisik. Metalurgi ekstraksi adalah studi mengenai proses produksi untuk mengekstraksi logam atau senyawa logam dari bijih, yang juga disebut metalurgi kimia karena prosesnya disertai dengan reaksi kimia. Metalurgi fisik adalah bidang ilmu mengenai menyiapkan bahan logam atau paduan dengan sifat tertentu melalui proses pembentukan dan pengolahan, mempelajari hubungan internalantara komposisi dan strukturnya dan aturan perubahannya di bawah berbagai kondisi, untuk membantu secara efektif menggunakan dan mengembangkan bahan logam dengan sifat tertentu. Kontenya meliputi metalografi, metalurgi serbuk, pengecoran logam, pembentukan logam, dll.

Ada banyak cara untuk mengekstraksi logam dari bijih atau bahan baku lainnya, yang dapat diklasifikasikan menjadi tiga jenis.

(1) Pirometalurgi adalah proses untuk memperoleh logam yang relatif murni dengan melelehkan, meleburkan dan memurnikan bijih pada suhu tinggi kemudian memisahkan logam dengan pengotor. Proses ini dapat dibagi menjadi tiga tahapan: persiapan bahan, peleburan dan pemurnian. Energi panas yang dibutuhkan dalam proses peleburan terutama dipasok dari pembakaran bahan bakar, dan sebagiannya berasal dari panas reaksi kimia yang dilepaskan selama proses tersebut.

(2) Hidrometalurgi adalah proses mengolah bijih atau konsentrat dengan pelarut pada suhu normal atau di bawah 100 ℃ untuk melarutkan logam yang diekstraksi dalam larutan sementara pengotor lainnya tidak larut, kemudian mengekstraksi dan memisahkan logam dari larutan. Metode tersebut meliputi proses seperti pelindian, pemisahan, pengayaan dan ekstraksi. Proses ini dapat dibagi menjadi empact tahapan: pelindian, pemisahan, pengayaan dan ekstraksi.

(3) Elektrometalurgi adalah cara ekstraksi dan pemurnian logam dengan energi listrik, yang dapat dibagi menjadi metalurgi elektrotermal dan metalurgi elektrokimia menurut bentuk energi listrik.

① Metalurgi elektrotermal: mengubah energi listrik menjadi energi panas untuk mengekstraksi logam pada suhu tinggi, yang esensinya sama dengan pirometalurgi.

② Metalurgi elektrokimia: mengendapkan logam dari larutan garam atau leburan yang mengandung logam melalui reaksi elektrokimia. Yang pertama disebut elektrolisis larutan, seperti pemurnian tembaga secara elektrolisis (*electrolytic refining*), yang dapat diklasifikasikan sebagai hidrometalurgi; yang terakhir disebut elektrolisis leburan garam, seperti elektrolisis aluminium, yang dapat diklasifikasikan sebagai pirometalurgi.

Peralatan Metalurgi

1.3 Unit-unit Proses Utama Metalurgi

Dalam praktik ekstraksi dan produksi logam, berbagai metode metalurgi seringkali mencakup banyak proses, misalnya: pengolahan, penghancuran, penggilingan, penyaringan, pengeringan, kalsinasi, penyinteran (*sintering*), pempeletan (*pelletizing*), pemanggangan (*roasting*), peleburan, pemurnian (*refining*), pelindian, pemisahan cair-padat, pembersihan (*purification*), elektrolisis, dll.

(1) Kalsinasi adalah proses memanaskan dan menguraikan bahan mentah mineral karbonat atau hidroksida di udara untuk menghilangkan CO_2 atau H_2O dan mengubahnya menjadi oksida. Misalnya, batu kapur dikalsinasi menjadi kapur untuk digunakan sebagai pelarut pembuatan baja, dan aluminium hidroksida dikalsinasi menjadi alumina untuk digunakan sebagai sebagai bahan baku elektrolisis aluminium.

(2) Penyinteran dan pempeletan adalah proses memanaskan dan memanggang bijih halus atau konsentrat untuk dikonsolidasikan menjadi bahan berpori atau berbentuk bulat sehingga memenuhi persyaratan proses selanjutnya (peleburan). Misalnya, penggumpalan penyinteran serbuk bijih besi, pemanggangan penyinteran konsentrat timbel sulfida, dll.

(3) Pemanggangan adalah proses menempatkan bijih atau konsentrat di lingkungan gas yang sesuai dan memanaskannya hingga suhu yang lebih rendah dari titik leburnya untuk mengalami oksidasi, reduksi, atau perubahan kimia lainnya. Tujuannya adalah untuk mengubah komposisi kimia bahan baku sehingga memenuhi persyaratan proses selanjutnya (peleburan atau pelindian). Proses pemanggangan dapat dibagi menjadi pemanggangan oksidasi, pemanggangan reduksi, pemanggangan sulfasi, pemanggangan klorinasi sesuai dengan lingkungan gas.

(4) Peleburan adalah proses memisahkan komposisi logam melalui reaksi redoks pada suhu tinggi dari gangue dan pengotor dalam bijih olahan, konsentrat atau bahanbaku lainnya untuk menjadi leburan logam (atau *matte*) dan terak. Proses peleburan dapat dibagi menjadi peleburan reduksi, peleburan *matte* dan pengonversian oksidasi sesuai dengan kondisi operasi.

(5) Pemurnian adalah proses pengolahan lebih lanjut pada suhu tinggi untuk mendapatkan logam wantah (*crude metal*) dengan sedikit pengotor sehingga meningkatkan kemurniannya, misalnya pembuatan baja, distilasi, pemurnian oksidasi, pemurnian sulfidasi, pemurnian klorinasi, pemurnian pencairan (*liquation refining*), pemurnian alkali, pemurnian zona, metalurgi vakum, dll.

(6) Pelindian adalah proses melarutkan komposisi logam dari bahan mentah mineral secara selektif dengan reagen pelindian yang sesuai (seperti asam, basa, garam, dll.) dan

memisahkannya dari komposisi tak larut lainnya.

(7) Pemisahan cair-padat adalah unit proses hidrometalurgi yang memisahkan suspensi padat-cair yang sudah dilakukan pelindian menjadi fase padat dan fase cair, termasuk proses pengendapan secara gravitasi, pemisahan sentrifugal, filtrasi, dll.

(8) Pembersihan (*purification*) adalah unit proses hidrometalurgi yang menghilangkan logam pengotor yang masuk ke dalam larutan pelindian pada unit proses pelindian mineral. Tujuannya adalah untuk mencegah unsur pengotor membahayakan ekstraksi logam induk dalam proses selanjutnya, termasuk proses kristalisasi, distilasi, presipitasi, penggantian, ekstraksi pelarut, pertukaran ion, elektrodialisis, dan pemisahan membran, dll.

(9) Elektrolisis larutan adalah proses mengubah energi listrik menjadi energi kimia, sehingga mereduksi ion-ion logam dalam larutan menjadi logam dan mengendapkannya, atau membuat anoda logam wantah mengendap pada katoda melalui pemurnian larutan. Yang pertama adalah pengendapan elektrolisis, dan yang terakhir adalah pemurnian elektrolisis.

(10) Elektrolisis leburan garam (*melton salt electrolysis*) adalah proses mempertahankan suhu tinggi yang dibutuhkan oleh leburan garam dengan memanfaatkan panas listrik, dan mengubah energi listrik menjadi energi kimia untuk mereduksi logam dari leburan garam, misalnya produksi aluminium, magnesium, natrium, tantalum, dan perak melalui elektrolisis leburan garam.

1.4 Peralatan Metalurgi dan Klasifikasi

Peralatan metalurgi bukan hanya adalah sarana dan pembawa proses peleburan, tetapi juga merupakan alat pembuatan dan persyaratan jaminan mutu produk logam. Perubahan dan perkembangan teknologi metalurgi menjadi pendorong utama bagi kemajuan teknologi peralatan metalurgi. Sementara itu, kemajuan teknologi peralatan metalurgi terkadang dapat mendorong kemajuan teknologi dan produk metalurgi, sedangkan keterlambatan dalam penelitian dan pengembangan peralatan terkadang bahkan dapat menyebabkan teknologi proses baru berada dalam kondisi "uji coba" atau bahkan "konsep" untuk waktu yang lama.

Investasi peralatan metalurgi menyumbang lebih dari setengah dari total investasi perusahaan, dan kualitas peralatan produksi berhubungan langsung dengan kuantitas, kualitas, dan biaya produk. Pada masa lalu, orang sering memperhatikan produksi produk saja, tetapi mengabaikan pengelolaan peralatan produksi. Pemeliharaan, perawatan, inspeksi, dan perbaikan peralatan sering diabaikan selama produksi, bahkan peralatan mengalami kelebihan beban untuk waktu lama untuk mengejar produksi secara sepihak, sehingga

Peralatan Metalurgi

mengakibatkan peralatan rusak dan hilangnya kapasitas produksi. Jadi, pengelolaan dan penggunaan peralatan produksi yang berjumlah besar dan beragam di perusahaan metalurgi merupakan pekerjaan yang sangat penting bagi pekerja metalurgi, dan juga merupakan pengetahuan dan keterampilan yang harus dikuasai oleh pelajar metalurgi.

Saat ini, ada lebih dari 60 jenis logam yang tersedia untuk dikembangkan dan dimanfaatkan, termasuk besi, mangan, kromium, aluminium, tembaga, timbel, seng, timah, dll. Setiap jenis logam memiliki metode peleburan yang berbeda, dan terkadang logam yang sama memiliki beberapa proses produksi. Namun, menurut suhu peleburan dan keadaan bahan (kering/basah), proses produksinya dapat dibedakan menjadi dua: pirometalurgi dan hidrometalurgi. Proses pemanggangan, kalsinasi, penyinteran, peleburan, pengonversian (*blowing*), pemurnian, elektrolisis leburan garam dapat dianggap sebagai proses pirometalurgi. Dalam arti seluas-luasnya, proses pengeringan dan pengumpulan debu juga termasuk dalam kategori ini. Sedangkan proses hidrometalurgi meliputi unit-unit proses seperti: pengadukan dan pencampuran, pelindian, pengendapan, pemisahan cair-padat, elektrolisis larutan, penguapan dan konsentrasi, rektifikasi, ekstraksi, pertukaran ion, penyerapan dan adsorpsi, desorpsi, dll. Oleh karena itu, peralatan metalurgi dapat dibagi menjadi dua kategori: peralatan pirometalurgi dan peralatan hidrometalurgi.

Peralatan pirometalurgi terutama meliputi tungku, peralatan pengangkut bahan curah, alat pengumpul debu, dll. Tungku metalurgi sangat penting bagi metalurgi modern, sejenis tungku metalurgi baru sering mewakili satu metode peleburan yang baru, misalnya proses peleburan kilat, proses Kivcet, proses Isa, proses Ausmelt, proses tanur tinggi, proses sel elektrolisis leburan garam, dll. Ada banyak jenis tungku metalurgi, dan setiap tungku merupakan satu sistem yang besar, yang mencakup dua bagian: tubuh tungku dan sistem bantu pekerjaan termal. Tubuh tungku termasuk pondasi tungku, pasangan bata tahan api (atap, dinding, dasar tungku, dll.), pasangan bata pelindung panas, struktur penopang dan penguat, mekanisme pengoperasian, dll. Sistem bantu pekerjaan termal tungku biasanya mencakup perangkat pengumpan, sistem suplai udara, perangkat pembuangan asap, perangkat pasokan dan distribusi listrik, perangkat pendinginan paksa tubuh tungku dan pemanfaatan sisa panas, perangkat pendeteksi dan pengontrol proses otomatis, dll. Tungku metalurgi biasanya dapat diklasifikasikan menurut penggunaannya, sumber panas, metode pemanasan, prinsip kerja, karakteristik struktur, dan karakteristik pekerjaan termal, seperti yang ditunjukkan pada Tabel 1 – 2.

1 Pendahuluan

Tabel 1 – 2 Tungku metalurgi umum

Dasar Klasifikasi	Nama Tungku
Penggunaan	Tungku pengeringan, tungku kalsinasi (kalsiner), tungku pemanggangan, tungku pemanasan, tungku klorinasi (klorinator), tungku peleburan, tungku pelelehan, tungku pengonversian, tungku pemurnian, tungku pengolahan panas, tungku pencairan, tungku reduksi, tungku *fuming*, tungku penyinteran, tungku penguapan, tungku distilasi, tungku difusi
Sumber panas	Tungku pemanasan diri, tungku bahan bakar, tungku listrik
Metode pemanasan	Tungku api, tungku *reverberating*, tungku *muffle*, tungku mandi garam (*salt bath furnace*), tungku resistansi, tungku busur listrik, tungku pengeboman elektron (*electron bombardment furnace*), tungku plasma, tungku listrik peleburan, tungku induksi
Prinsip kerja	Tungku *fluidized-bed*, tungku siklon, tungku sembur (*blast furnace*), tungku kilat (*flash furnace*), tungku konverter *bottom blown*, tungku konverter *top-blown*, tungku konverter *side-blown*, tungku sirkulasi udara panas, tungku bantalan udara, tungku peleburan kolam leburan, tungku pemanggangan suspensi, sel elektrolisis leburan garam suhu tinggi
Karakteristik struktur	Kiln putar, tungku *reverberatory*, tungku *multi-hearth*, tungku poros, tungku wadah, tungku distilasi, tungku tabung karbon, tungku batang tungsten, tungku kawat molibdenum, tungku lonceng, tungku balok berjalan
Karakteristik pekerjaan termal	Tipe kompor sederhana, tipe tungku pemanasan, tipe reaktor suhu tinggi

Peralatan hidrometalurgi terutama meliputi peralatan pengolahan mineral, peralatan pengangkut fluida, reaktor pencampur hidrometalurgi, peralatan pertukaran panas hidrometalurgi, peralatan pemisah cair-padat, peralatan ekstraksi, peralatan pertukaran ion, peralatan elektrolisis larutan berair, dll. Peralatan hidrometalurgi yang umum digunakan ditunjukkan pada Tabel 1 – 3.

Tabel 1 – 3 Peralatan hidrometalurgi umum

Jenis	Peralataan
Peralatan pengangkut fluida	Tabung pengukur kecepatan (tabung pitot), meteran aliran pelat berlubang (*orifice meter*), meteran aliran Venturi, meteran aliran rotor (*rotameter*), pompa sentrifugal, pompa bolak-balik, pompa putar, kipas, *blower*, kompresor, pompa vakum mekanis
Reaktor pencampur hidrometalurgi	Peralatan pengadukan mekanis, peralatan pengaduk gas, tangki Pachuca, menara gelembung, tangki pengadukan jenis pengangkatan udara, reaktor tabung, ketel reaksi, tangki pelindian

Peralatan Metalurgi

Tabel 1 – 3 (lanjutan)

Jenis	Peralataan
Peralatan pertukaran panas hidrometalurgi	Penukar panas tabung [jenis cangkang-tabung, jenis pipa ganda dan jenis mirip ular (*serpentine*)], penukar panas pelat, penukar panas kontak langsung
Peralatan pemisah cair-padat	bak pengendapan, tangki pengendapan, peralatan pengendapan sentrifugal, filter
Peralatan ekstraksi	Pencampur-pengendap (*mixer-settler*), menara ekstraksi, alat ekstraksi sentrifugal
Peralatan pertukaran ion	Kolom penukar ion unggun tetap resin, peralatan penukar ion unggun bergerak resin, peralatan penukar ion unggun terfluidakan resin
Peralatan elektrolisis larutan berair	Sel elektrolisis

2 Peralatan Utama Pirometalurgi

2.1 Peralatan Pengangkut dan Pengumpan Bahan Curah

Mineral logam harus mengalami serangkaian proses persiapan fisik (seperti pengeringan, *proportioning*, pencampuran, pembasahan, granulasi, *briquetting*, penghancuran, penyaringan, dll.) dan proses persiapan kimia [seperti pemanggangan, penyinteran, penguapan, pengokasan (*coking*), dll.] sebelum memasuki proses metalurgi. Bahan hanya dapat dimasukkan ke dalam tungku metalurgi atau reaktor lainnya setelah memenuhi persyaratan proses metalurgi melalui perawatan tersebut, agar memastikan kemajuan proses metalurgi yang normal dan menghasilkan produk metalurgi yang memenuhi standar. Oleh karena itu, pengangkutan dan pengumpanan bahan memainkan peran penting dalam keseluruhan proses metalurgi, dan merupakan salah satu syarat yang diperlukan untuk mewujudkan produksi yang modern, otomatis, dan berkelanjutan.

Di pabrik metalurgi, bahan yang diangkut terutama adalah bahan curah. Bahan curah mengacu pada berbagai bahan bongkahan, bahan butiran dan bahan bubuk yang ditumpuk bersama.

Peralatan pengangkut dan peralatan pengumpan yang digunakan di pabrik metalurgi non-ferro diklasifikasikan menurut ketentuan standar internasional *Contionous handling equipment – Nomenclauture* (ISO 2148-1974) (Gambar 2-1). Bagian berikut ini menjelaskan peralatan pengangkut dan pengumpan bahan curah yang umum digunakan.

Peralatan Metalurgi

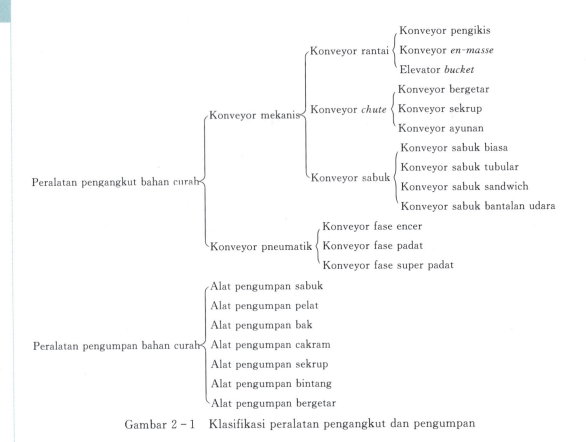

Gambar 2-1 Klasifikasi peralatan pengangkut dan pengumpan

2.1.1 Peralatan Pengangkut Bahan Curah

2.1.1.1 Konveyor Mekanis

1. Konveyor rantai

1) Konveyor pengikis

Konveyor pengikis adalah salah satu peralatan konveyor kontinyu yang paling awal dikembangkan. Ia mewujudkan penghantaran kontinu dengan menggunakan pengikis yang dipasang pada bagian traksi (seperti rantai) untuk memindahkan bahan yang diangkut di sepanjang *chute* dalam bentuk tumpukan kecil. Bidang pengikis tegak lurus terhadap arah gerakannya, dan bahan di dalam *chute* digerakkan maju tumpukan demi tumpukan oleh pengikis, sehingga konveyor dengan bagian pembawa semacam ini disebut konveyor pengikis. Konveyor pengikis terutama dibagi menjadi dua jenis: Jenis universal dan jenis dapat ditekuk. Konveyor pengikis yang umum digunakan di pabrik metalurgi non-ferro kebanyakannya adalah jenis universal, dan terutama digunakan untuk mengangkut gumpalan sinter, bahan yang dikembalikan, asap dan debu, konsentrat kering, dan batubara. Konveyor pengikis jenis universal adalah seperti yang ditunjukkan pada Gambar 2-2, yang terdiri dari bagian traksi, bagian pembawa, bak, perangkat penggerak, perangkat penegang, perangkat pemuat, perangkat pembongkar, alas, dll. Pengikis yang dipasang pada rantai traksi bergerak bersama dengan rantai traksi di sepanjang bak yang dipasang di alas dan melewati sproket penggerak dan sproket penegang di ujungnya untuk membawa bahan di *chute* ke depan. Rantai traksi digerakkan oleh roda penggerak dan ditegangkan oleh roda penegang.

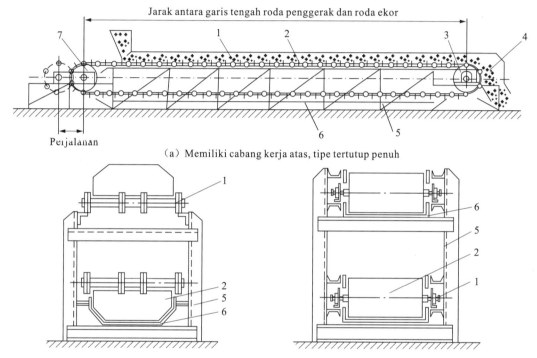

(a) Memiliki cabang kerja atas, tipe tertutup penuh

(b) Memiliki cabang kerja bawah, tipe terbuka   (c) Memiliki cabang kerja atas dan bawah, tipe terbuka

1. Bagian traksi; 2. Pengikis; 3. Roda penggerak dan perangkat transmisi; 4. Lubang pelepasan; 5. Alas; 6. *Chute*; 7. Roda ekor dan perangkat penegang.

Gambar 2-2   Skema konveyor pengikis jenis universal

2) Konveyor *en-masse*

Konveyor *en-masse* dikembangkan berdasarkan konveyor pengikis. Ia memanfaatkan sifat bahwa gaya gesek internal bahan lebih besar daripada gaya gesek eksternal untuk terus mengangkut bahan curah dalam cangkang tertutup dengan bantuan rantai pengikis yang bergerak. Saat menghantar material, rantai pengikis benar-benar terkubur di dalam bahan, jadi konveyor pengikis jenis ini disebut konveyor *en-masse*. Meskipun konveyor *en-masse* dan konveyor pengikis semuanya menggunakan pelat pengikis yang dipasang pada rantai untuk menghantar bahan di sepanjang palung, strukturnya sangat berbeda karena prinsip pengangkutannya sama sekali berbeda. Konveyor *en-masse* terutama terdiri dari *chute*, rantai pengikis, perangkat penggerak di kepala,

Peralatan Metalurgi

perangkat pemuat dan perangkat pembongkar. Perbedaan strukturnya dengan konveyor pengikis terutama adalah *chute* dan rantai pengikis.

3) Elevator *bucket*

Elevator *bucket* adalah konveyor yang mengangkut bahan padat curah secara vertikal atau miring, seperti yang ditunjukkan pada Gambar 2 – 3. Struktur dasar elevator *bucket* dicirikan dengan adanya sebuah *bucket* dipasang pada rantai atau sabuk agar bersirkulasi naik turun, sehingga mengangkat bahan dari tempat rendah ke tempat tinggi dan membongkarnya. Elevator *bucket* dapat dipasang dan digunakan di dalam maupun di luar ruangan karena semua rantai (atau sabuk) dan *bucket* dilindungi dengan cangkang logam.

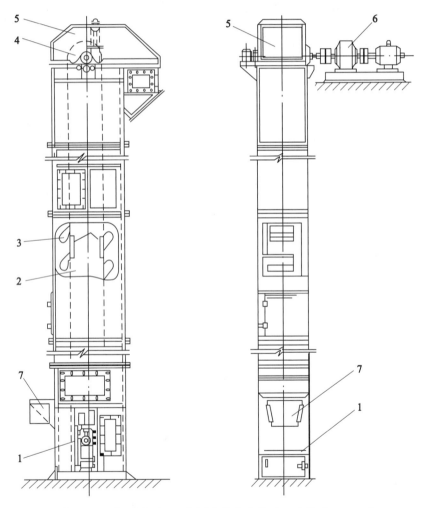

1. *Reel* pemandu; 2. Bagian traksi fleksibel; 3. *Bucket*; 4. *Reel* penggerak; 5. Cangkang; 6. Perangkat penggerak; 7. Lubang pemuatan.

Gambar 2 – 3   Skema elevator *bucket*

2 Peralatan Utama Pirometalurgi

Fungsi elevator *bucket* adalah dapat mengangkut bahan secara terus menerus dan secara vertikal dari tempat rendah ke tempat tinggi di ruang yang terbatas. Elevator *bucket* cocok untuk pengangkutan bahan padat curah yang seragam, kering, dan dengan ukuran partikel sebaiknya tidak melebihi 80 mm. Biasanya, ketinggian angkat maksimum elevator *bucket* adalah 30 m, dan suhu bahan maksimum adalah 65 ℃. Namun, elevator *bucket* khusus dapat dirancang sehingga ketinggian angkat mencapai 90 m dan suhu bahan mencapai di atas 260 ℃. Kekurangan dari elevator *bucket* adalah dengan biaya perawatannya tinggi, pemeliharaannya tidak nyaman, dan seringkali perlu dimatikan untuk inspeksi.

2. Konveyor *Chute*

1) Konveyor sekrup

Di dalam konveyor sekrup, bahan padat curah berputar dengan bantuan sekrup dan bergerak sepanjang sumbu di dalam *chute* logam. Metode pemindahan ini banyak digunakan untuk mengangkut, mengangkat, memuat serta membongkar bahan padat curah. Konveyor sekrup dicirikan dengan struktur sederhana dan biaya rendah, pemuatan dan pembongkaran dapat dilakukan dimana saja dari konveyor, dapat mewujudkan pengangkutan secara tertutup, dan dapat diisi dengan gas kering atau lembam untuk perlindungan jika perlu. Di bawah kapasitas pengangkutan sebanding yang sama, biaya investasi konveyor sekrup lebih rendah dari konveyor jenis lainnya, tetapi konsumsi daya dinamisnya lebih besar dari konveyor jenis lainnya, dan bahan yang diangkut olehnya digiling dan dipecahkan dengan serius, sehingga harus diumpankan secara merata, jika tidak, maka penyumbatan mudah terjadi. Struktur dasar konveyor sekrup adalah seperti yang ditunjukkan pada Gambar 2-4. Konveyor sekrup cocok untuk pengangkutan berbagai bahan bubuk, butiran dan bongkahan kecil, sedangkan tidak cocok untuk pengangkutan bahan bongkahan besar yang mudah rusak, kental, mudah menggumpal, dan berserat.

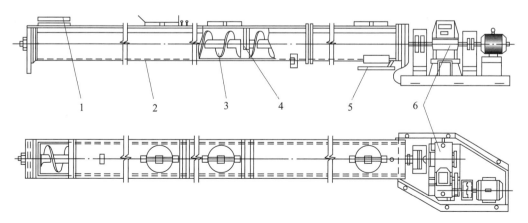

1. Lubang pemuatan; 2. *Chute* bahan (bak pembawa); 3. Poros sekrup dengan bilah; 4. Bantalan suspensi; 5. Lubang pelepasan; 6. Perangkat penggerak.

Gambar 2-4 Skema konveyor sekrup

Peralatan Metalurgi

2) Konveyor bergetar

Konveyor bergetar mewujudkan pengangkutan atau pengumpanan bahan dengan menggunakan teknologi getaran untuk menghasilkan getaran terarah pada bagian pembawa untuk mendorong bahan bergerak ke depan. Konveyor bergetar dapat mengangkut banyak jenis bahan, dari bahan bongkahan besar hingga bahan bubuk, dan juga dapat mengangkut bahan dengan abradabilitas dan suhu yang relatif tinggi.

Konveyor bergetar pada dasarnya dipasang pada rangka kaku, yang terdiri dari *chute* yang didukung oleh pegas daun (*leaf spring*) secara berengsel (Gambar 2-5), dan mewujudkan pengangkutan bahan dengan membuat *chute* berayun bolak-balik dengan metode mekanis atau elektromagnetik. *Chute* yang bergetar melemparkan partikel-partikel bahan padat curah yang diangkut di atasnya ke atas dan ke depan, sehingga membuat bahan bergerak maju di sepanjang *chute* dalam serangkaian gerakan lompatan jangka pendek.

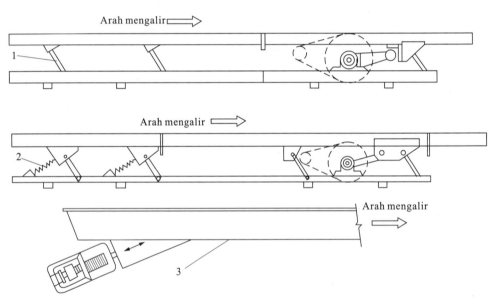

1. Kaki pegas daun; 2. Pegas heliks; 3. Getaran elektromagnetik.

Gambar 2-5 Skema konveyor bergetar yang didukung oleh pegas daun

3. Konveyor sabuk

Konveyor sabuk adalah konveyor kontinu dengan bagian traksi fleksibel yang paling banyak digunakan. Ia menggunakan sabuk fleksibel sebagai bagian pembawa dan bagian traksi bahan, dan menyampaikan bahan curah dalam arah horizontal dan dalam arah miring dengan sudut kemiringan kecil, dan kadang-kadang juga digunakan untuk mengangkut barang jadi dalam jumlah besar. Prinsip kerja kerja konveyor sabuk: mengangkut bahan curah dari satu ujung ke ujung lainnya dengan gaya gesekan sabuk, daya penggerak sabuk disediakan oleh motor, dan ditransmisikan ke sabuk melalui peredam kecepatan dan mekanisme rol ganda.

Struktur dasar konveyor sabuk: sabuk yang sebagai bagian traksi dan bagian pembawa adalah tertutup, terutama didukung pada *idler* pemalas, dan melewati *pulley* penggerak dan *pulley* penegang di dalam perangkat penegang. *pulley* penggerak digerakkan oleh perangkat penggerak untuk berputar, dan transmisi antara sabuk dan *pulley* penggerak dicapai dengan gaya gesekan antara mereka. Bahan dimuat ke sabuk oleh bucket pemuat, dan dibongkar oleh bucket pembongkar. Selain itu, alat pembersih dipasang di dekat sisi bawah *pulley* penggerak (Gambar 2-6) untuk menghilangkan bahan yang menempel pada sabuk.

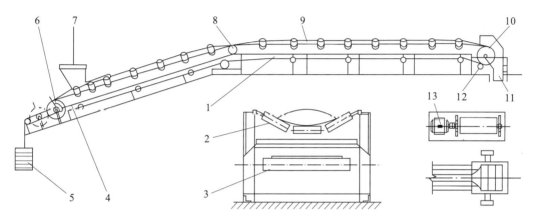

1. Rangka; 2. *Idler* pemalas atas; 3. *Idler* pemalas bawah; 4. Alat pembersih vakum;
5. Perangkat penegang jenis pemberat; 6, 8. *pulley* pemandu; 7. *Bucket* pemuat;
9. Sabuk; 10. *Pulley* penggerak; 11. *Bucket* pembongkar; 12. Perangkat pembersih;
13. Perangkat penggerak.

Gambar 2-6 Skema konveyor sabuk

2.1.1.2 Konveyor Pneumatik

Pengangkutan bahan padat yang dilakukan dengan menggunakan aliran gas disebut pengangkutan pneumatik. Pengangkutan pneumatik adalah untuk mengapungkan bahan padat dalam gas dan bergerak seiring dengan aliran gas, dan menghantar bahan bubuk dengan bantuan aliran gas berkecepatan tinggi. Partikel padat dapat terbawa oleh gas ketika kecepatan operasi gas melebihi batas kecepatan (yaitu, kecepatan pengendapan bebas partikel padat). Oleh karena itu, pengangkutan pneumatik membutuhkan kecepatan aliran gas yang relatif tinggi, yang akan mengakibatkan kerugian kepala tekanan (*pressure head*) gesekan yang lebih besar, keausan partikel yang lebih cepat, dan erosi pipa pengangkut yang lebih serius. Untuk meminimalkan efek ini, kecepatan aliran gas harus dijaga serendah mungkin, tetapi kecepatan rendah ini dibatasi oleh kondisi dimana partikel padat mengendap dari aliran campuran gas-padat. Menurut konsentrasi partikel padat dalam aliran gas, pengangkutannya dapat dibagi menjadi pengangkutan fase encer, pengangkutan fase padat dan pengangkutan fase super padat.

1. Pengangkutan fase encer

Pengangkutan pneumatik fase encer (pengangkutan suspensi) adalah pengangkutan dengan konsentrasi partikel dalam aliran gas di (rasio volume) bawah 0,05 m³/m³ dan porositas sistem campuran padat-gas sebesar $q \geqslant 0,95$. Peralatan utama untuk pengangkutan pneumatik fase encer adalah pompa *jet*. Udara terkompresi langsung bekerja pada masing-masing partikel bahan, sehingga membuat bahan mendidih. Pengangkutan fase encer dicirikan dengan rasio padat-gas yang rendah, konsumsi udara terkompresi yang besar, konsumsi daya dinamis yang tinggi, dan laju aliran bahan yang cepat, yang mengakibatkan keausan pipa yang serius, biaya perawatan yang tinggi, dan tingkat kerusakan bahan yang tinggi.

2. Pengangkutan fase padat

Pengangkutan fase padat adalah pengangkutan dengan konsentrasi partikel dalam aliran gas di atas 0,05 m³/m³ dan porositas sistem campuran padat-gas sebesar $0,05 < q < 0,95$. Selama pengangkutan pneumatik, udara terkompresi digunakan sebagai tekanan dinamis untuk secara langsung bekerja pada partikel-partikel bahan mentah untuk mendorongnya bergerak. Dari perspektif cara kerja gaya, pengangkutan fase encer digerakkan dengan tenaga pneumatik, sedangkan pengangkutan fase padat bergantung pada tekanan statis yang dihasilkan oleh bejana tekan untuk memindahkan bahan. Dalam pengangkutan fase padat, bahan bergerak maju dalam keadaan terfluidisasi dalam bentuk bukit pasir yang bergerak. Pengangkutan fase padat yang dihasilkan dibagi menjadi dua bentuk, yaitu pengangkutan fase padat tabung tunggal dan pengangkutan fase padat tabung ganda dari generator pulsasi. Dibandingkan dengan pengangkutan fase encer, pengangkutan fase padat memiliki laju aliran gas yang relatif rendah, dan kinerja teknis operasi yang lebih unggul.

3. Pengangkutan fase super padat

Pengangkutan fase super padat adalah pengangkutan dengan konsentrasi padat dalam pipa pengangkutan aliran gas lebih tinggi dari 0,05 m³/m³, dan memiliki antarmuka fase padat-gas yang jelas, yang merupakan fluidisasi tergeneralisasi (*generalized fluidization*). Pengangkutan fase super padat adalah teknologi pengangkutan bubuk yang dikembangkan menyusuli pengangkutan sabuk, pengangkutan fase encer, dan pengangkutan bak miring. Dibandingkan dengan peralatan pengangkut seperti konveyor sekrup dan konveyor sabuk, "bak miring pengangkut udara" yang digunakan dalam proses produksi semen pada masa-masa awal memiliki keunggulan seperti tidak ada bagian yang berputar, tidak ada kebisingan, pengoperasian dan manajemen yang nyaman, ringan, konsumsi daya listrik rendah, struktur sederhana, kapasitas pengangkutan yang besar, dan perubahan arah angkut yang mudah, dll; dan kelemahannya adalah kondisi pengangkutan bahan yang terbatas, yang hanya dapat diangkut dengan kemiringan tertentu, dan tidak dapat diangkut ke atas. Lapisan bernapas bak miring pengangkut udara dapat dibuat dari papan berlubang

2 Peralatan Utama Pirometalurgi

atau kanvas multi-lapisan. Jika tata letak prosesnya memungkinkan, bak pengangkut udara memiliki kemiringan yang lebih besar akan bermanfaat untuk pengangkutan, kemiringannya umumnya adalah $4\%-6\%$, dan disarankan tidak kurang dari 10% saat menggunakan sirkulasi loop tertutup untuk mengangkut bahan kasar. Tekanan angin dari kipas yang diperlukan untuk bak pengangkut udara harus lebih besar dari penjumlahan hambatan papan berlubang (atau kanvas) dan hambatan lapisan bahan. Tekanan anginnya umumnya antara $0,034 - 0,058$ MPa. Tekanan angin rendah dapat digunakan jika lapisan bernapas terbuat dari kanvas, dan tekanan angin tinggi dapat digunakan jika bernapas terbuat dari papan berlubang atau dengan spesifikasi besar, kemiringan besar dan panjang. Secara umum dapat dipertimbangkan sebesar $0,049$ MPa.

Prinsip kerja pengangkutan fase super padat adalah: selama pengangkutan fase super padat, partikel-partikel bergerak dari posisi tinggi ke posisi rendah kolom penyeimbang, partikel-partikel padat ditiup oleh aliran udara yang melewati kanvas untuk meluncur atau berguling di dalam tabung, dan didorong oleh tekanan statis untuk bergerak. Ada antarmuka yang jelas antara fase padat dan fase gas, seperti yang ditunjukkan pada Gambar 2 - 7. Fitue-fitur pengangkutan fase super padat adalah: pengangkutan dilakukan dalam horizontal atau dengan sudut kemiringan kecil, stasiun penerus diperlukan saat jarak pengangkutan panjang; kecepatan aliran bahan yang kecil, keausan peralatan yang kecil, masa pakai yang panjang, dan biaya perawatan yang rendah; rasio padat-gas yang tinggi, konsumsi gas terkompresi lebih sedikit untuk pengangkutan bahan padat yang sama, dan konsumsi daya dinamis yang rendah; sistem pembuangan udara yang terpisah, pengangkutan bubuk diselesaikan secara independen tanpa gerakan mekanis; lebih sedikit bahan bubuk yang diangkut pecah akibat gesekan, dan tingkat pembentukan debu yang rendah.

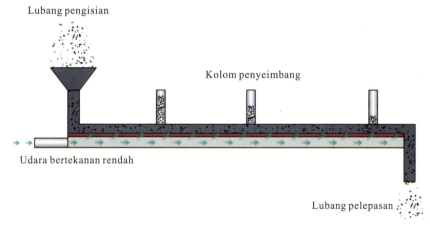

Gambar 2 - 7 Diagram skema prinsip kerja pengangkutan pneumatik fase super padat

2.1.2 Peralatan Pengumpan Bahan Curah

Peralatan pengumpan adalah peralatan pengangkut yang relatif pendek yang dapat digunakan di tempat penyimpanan, di bagian bawah silo atau *hopper* untuk mengeluarkan bahan dan me-

Peralatan Metalurgi

mindahkannya ke konveyor, atau digunakan untuk mengatur jumlah bahan yang masuk ke peralatan pengolah, contohnya alat penghancur, alat penyaring, alat pendingin, alat pengering, dll. Konveyor sabuk adalah peralatan yang secara terus menerus mengangkut bahan padat curah, sistem dapat mencapai produktivitas maksimum ketika bahan dimuat secara seragam pada kecepatan desain maksimum. Namun, jika bahan dimuat ke sabuk konveyor secara tidak teratur, fenomena muatan kosong atau muatan berlebih dapat terjadi, yang tidak hanya dapat merugikan kapasitas pengangkutan konveyor, tetapi juga dapat menyebabkan bahan yang berlebih meluap dari tepi sabuk atau tersebar di sepanjang jalan, jadi sistem pengumpan adalah kunci bagi sistem konveyor sabuk untuk mencapai utilisasi maksimum. Sistem pengumpan yang baik harus dapat beradaptasi dengan pengoperasian peralatan dan dapat mengubah pengumpanan bahan yang terputus-putus dan tidak teratur menjadi yang stabil dan seragam.

Faktor-faktor yang harus ditimbangkan saat memilih peralatan pengumpan termasuk: sifat fisik dan karakteristik bahan yang akan diproses, cara penyimpanan bahan, dan kapasitas umpan yang dibutuhkan. Ada banyak jenis peralatan pengumpan, yang dapat dibagi menjadi tiga jenis menurut prinsip kerjanya, yaitu: jenis gerak linier, jenis berayun dan jenis bergetar bolak-balik. Peralatan pengumpan yang biasa digunakan di pabrik metalurgi non-ferro meliputi alat pengumpan sabuk, alat pengumpan pelat, alat pengumpan bak, alat pengumpan cakram, alat pengumpan sekrup, alat pengumpan bintang, alat pengumpan bergetar elektromagnetik, alat pengumpan bergetar inersia, dll.

1) Alat pengumpan sabuk

Alat pengumpan sabuk adalah konveyor sabuk yang relatif pendek, yang biasanya dipasang di bawah lubang pelepasan silo untuk menahan tekanan silo. Umumnya, sabuk konveyor terletak seara horizontal dan didukung oleh rol-rol pemalas yang dipasang dekat atau pelat pelapis yang halus, seperti yang ditunjukkan pada Gambar 2 – 8.

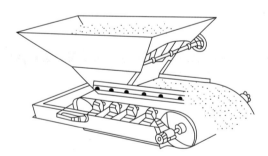

Gambar 2 – 8   Diagram skema alat pengumpan sabuk

Alat pengumpan sabuk dicirikan dengan struktur sederhana, investasi kecil, pelepasan bahan yang halus, penyesuaian jumlah pengumpanan yang mudah, konsumsi energi yang rendah, dan kapasitas pengangkutan yang besar. Keuntungan terbesarnya adalah mampu menyesuaikan jumlah bahan yang diumpan. Selama alat pengumpan sabuk dilengkapi dengan perangkat timbangan, kecepatan sabuk akan disesuaikan secara otomatis sesuai dengan nilai setelan perangkat timbangan, sehingga memperoleh jumlah pengumpanan stabil yang diperlukan. Kerugiannya adalah memakan ruang lebih banyak, sabuknya mudah aus, bahan yang diangkut mudah menempel padanya, sabuknya tidak dapat menangani bahan bongkahan besar, dan beban kerja pemeliharaan yang besar.

Alat pengumpan sabuk terutama digunakan untuk mengangkut bahan yang halus dan kering dengan kadar air umumnya tidak lebih dari 5％, seperti bijih halus, batubara dan konsentrat; ukuran partikel bahan yang diangkut kurang dari 50 mm, atau bisa mencapai 100 mm untuk bahan non-abrasif, suhu bahan umumnya lebih rendah dari 70 ℃, dan maksimumnya tidak boleh melebihi 150 ℃.

2) Alat pengumpan pelat

Struktur alat pengumpan pelat ditunjukkan pada Gambar 2－9. Alat pengumpan pelat memiliki keunggulan seperti kapasitas pengumpanan yang kuat, pengumpanan yang seragam, kekuatan struktural yang tinggi, tahan benturan, mampu mengangkut bahan bongkahan besar, dan dapat menahan tekanan kolom silo yang besar; sedangkan kerugiannya adalah berat, menempati ruang yang besar. investasi besar, beban kerja pemeliharaan yang besar, konsumsi energi besar, dan biaya pengangkutan yang tinggi.

Alat pengumpan pelat ringan cocok untuk mengangkut bahan dengan ukuran partikel di bawah 160 mm, alat pengumpan pelat sedang cocok untuk mengangkut bahan dengan ukuran partikel kurang dari 400 mm, dan alat pengumpan pelat berat dapat mengangkut bahan dengan ukuran partikel hingga 1.000 mm. Alat pengumpan pelat dapat membawa bahan bersuhu tinggi antara 500－600 ℃.

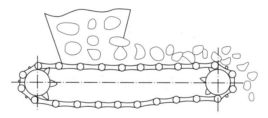

Gambar 2－9　Diagram skema struktur alat pengumpan pelat

3) Alat pengumpan bak

Struktur alat pengumpan bak ditunjukkan pada Gambar 2－10. Alat pengumpan bak memiliki keunggulan seperti struktur sederhana, investasi kecil, biaya perawatan dan pengoperasian rendah, dan cocok untuk berbagai bahan, seperti bahan bongkahan, bubuk, dan bersuhu tinggi; sedangkan kerugiannya adalah keseragaman pengumpanan yang buruk, jumlah pengumpanan yang kecil, mudah terjadi kebocoran bahan, dan badan bak cepat aus.

Alat pengumpan bak dapat digunakan untuk mengangkut bahan dengan ukuran partikel kurang dari 75 mm, bahan non-abrasif seperti batu bara dan batu kapur, dan bahan bersuhu tinggi antara 500－600 ℃, seperti kalsin dan sinter yang dikembalikan.

Peralatan Metalurgi

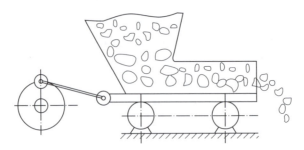

Gambar 2 – 10   Diagram skema struktur alat pengumpan bak

4) Alat pengumpan cakram

Struktur alat pengumpan cakram ditunjukkan pada Gambar 2 – 11. Alat pengumpan cakram memiliki keunggulan seperti struktur sederhana, kukuh dan tahan lama, pengumpanan seragam, penyesuaian jumlah pengumpanan yang mudah, pengoperasian yang mudah, dan cocok untuk berbagai bahan; sedangkan kerugiannya adalah biaya investasi tinggi, dan bahan mudah menempel pada bak. Alat pengumpan cakram digunakan untuk mengumpan berbagai bahan halus secara terus menerus dan seragam, khusus untuk bahan kohesif (seperti konsentrat logam non-ferro), kadar airnya harus tidak lebih dari 12%; dan dapat digunakan untuk mengangkut bahan panas.

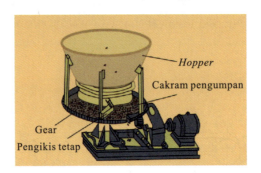

Gambar 2 – 11   Diagram skema struktur alat pengumpan cakram

5) Alat pengumpan sekrup

Struktur alat pengumpan sekrup ditunjukkan pada Gambar 2 – 12. Alat pengumpan sekrup memiliki keunggulan seperti struktur sederhana, dimensi luar kecil, mudah disegel, cocok untuk pengumpanan bahan yang mudah tercemar, dan perawatan sederhana; sedangkan kerugiannya adalah konsumsi energi yang besar, kapasitas pengolahan yang kecil, keausan yang besar pada bagian kerja, cocok untuk beberapa jenis bahan saja, dan dapat menghancurkan bahan. Tujuan utama dari alat pengumpan sekrup adalah: cocok untuk bahan halus yang tidak mudah hancur dan bahan dengan fluiditas yang lebih baik; tetapi tidak cocok untuk bahan rapuh karena mereka mudah dihancurkan saat digerakkan secara paksa selama pengangkutan oleh alat pengumpan sekrup.

2 Peralatan Utama Pirometalurgi

Gambar 2 – 12   Diagram skema struktur alat pengumpan sekrup

5) Alat pengumpan bintang

Struktur pengumpan bintang ditunjukkan pada Gambar 2 – 13. Alat pengumpan bintang memiliki keunggulan seperti struktur sederhana, ukuran luar kecil, penyegelan yang baik, penyesuaian jumlah pengumpanan yang mudah, dan pengoperasian yang nyaman; sedangkan kerugiannya adalah cocok untuk beberapa jenis bahan saja, dan jumlah pengumpanan berfluktuasi. Tujuan utama dari alat pengumpan bintang adalah: cocok untuk bahan curah bubuk kering dengan kadar air kurang dari 10%, dan dapat mengangkut bahan curah dengan suhu di bawah 300 ℃.

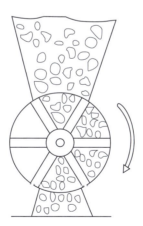

Gambar 2 – 13   Diagram skema struktur alat pengumpan bintang

2.2 Peralatan Penyinteran dan Pemanggangan

Pemanggangan sebagian besar merupakan persiapan bagi operasi peleburan utama seperti

Peralatan Metalurgi

peleburan atau pelindian pada langkah berikutnya, seringkali merupakan proses persiapan muatan (*charge*) dalam proses peleburan, tetapi kadang-kadang juga sebagai proses pengayaan, penghilangan pengotor, persiapan bubuk logam atau pemurnian. Peralatan pemanggangan dan pemanggangan penyinteran merupakan jaminan penting untuk terwujudnya proses-proses metalurgi tersebut, yang cukup berbeda dengan peralatan lainnya. Selama proses reaksi kimia tertentu di bawah suhu lebur bahan, sebagian besar bahan selalu tetap dalam keadaan padat, sehingga suhu pemanggangan maksimum adalah suhu untuk memastikan bahan tidak melebur secara signifikan. Oleh karena itu, pengetahuan mengenai peralatan pemanggangan dan pemanggangan penyinteran harus dipelajari.

Teknik pemanggangan meliputi pemanggangan unggun tetap (*fixed bed*), pemanggangan unggun bergerak (*moving bed*), pemanggangan terfluidakan (*fluidized*) dan pemanggangan suspensi. Peralatan pemanggangan terutama mencakup tungku *multi-hearth*, kiln putar, unggun terfluidakan, tungku pemanggangan suspensi, mesin penyinteran, dan tungku poros.

Pemanggangan unggun tetap: Muatan diletakkan rata di atas ruang tungku, dan gas tungku hanya berkontak dengan permukaan muatan, sehingga kontak antara gas-padat terbatas, dan perpindahan panas dan massa tidak ideal, sehingga produktivitasnya rendah, intensitas kerja tinggi, dan konsentrasi gas buang rendah, yang tidak nyaman untuk didaur ulang, tetapi tingkat pembentukan debunya rendah. Pemanggangan tungku *multi-hearth* pada dasarnya termasuk dalam pemanggangan unggun tetap. Pemanggangan unggun tetap hanya digunakan di bawah keadaan khusus, seperti pemanggangan debu seng oksida untuk deklorinasi dan defluorinasi, pemanggangan konsentrat tembaga yang mengandung arsenik tinggi untuk dearsenisasi, dll.

Pembakaran unggun bergerak: Karena muatan bergerak perlahan di bawah aksi gravitasi atau mekanis selama pemanggangan, sedangkan gas tungku bergerak secara searah/berlawanan arah atau tegak lurus dengan aliran muatan bergerak, sehingga kontak antara gas-padat lebih baik. Peralatan yang umum digunakan termasuk mesin penyinteran, tungku poros dan kiln putar.

Pemanggangan terfluidakan: Juga disebut pemanggangan unggun terfluidakan semu (*pseudo-fluidized bed*) atau pemanggangan unggun mendidih (*boiling roasting*). Di bawah aksi udara atau gas lain yang ditiup masuk dari bagian bawah unggun secara seragam, bahan bubuk (butiran) padat berubah menjadi keadaan terfluidakan, sehingga pergerakan relatif antara gas-padat sangat kuat, dan perpindahan panas dan massa berlangsung cepat, gradien suhu dan konsentrasi dalam unggun terfluidakan sangat kecil. Kadang-kadang untuk memperkuat proses tanpa meningkatkan tingkat pembentukan debu secara berlebihan, bubuk konsentrat seringkali dilakukan proses granulasi terlebih dahulu sebelum ditambahkan ke dalam tungku, sehingga disebut pemanggangan terfluidakan granulasi.

Pemanggangan suspensi: Karena muatan tersuspensi dalam tungku, meskipun gerakan relatif antara gas-padat tidak sekuat pemanggangan terfluidakan, perpindahan panas dan massa antara gas-padat masih sangat cepat, dan kontak langsung hampir tidak ada antar partikel-partikel padat, sehingga suhu kalsinasi yang lebih tinggi diizinkan, dan gradien suhu dan gradien konsentrasi muatan tertentu diperbolehkan dalam tungku tersuspensi.

Ada tiga jenis peralatan penyinteran: Mesin penyinteran, tungku poros dan *grate-rotary* kiln, dengan mesin penyinteran sebagai yang utama. Sebagian besar mesin penyinteran yang digunakan saat ini adalah mesin penyinteran balok berjalan dan mesin penyinteran sabuk. Tungku poros adalah peralatan yang paling awal digunakan untuk memanggang pelet. Spesifikasi tungku poros dinyatakan dengan luas mulut tungku. Pada masa ini, luas penampang maksimum tungku poros adalah $2,5 \text{ m} \times 6,5 \text{ m}$ (sekitar 16 m^2). *Grate-rotary* kiln terdiri dari *grate* (kisi-kisi) rantai, kiln putar dan alat pendingin.

2.2.1 Unggun Terfluidakan (*Fluidized bed*)

Di dalam metalurgi modern, bahan baku yang banyak digunakan adalah bahan padat butiran atau bubuk. Dibandingkan dengan bahan gas dan cair, bahan padat curah ini memiliki banyak ketidaknyamanan dalam proses pengolahan, penyimpanan, dan pengangkutan. Karena gaya gesekan internal antar partikel-partikel, bahan curah dapat menahan tegangan tangensial dalam rentang gaya tertentu. Bahan curah hanya akan menghasilkan gerakan geser dan menunjukkan viskositas tertentu seperti fluida kental ketika tegangan tangensial melebihi batas tertentu. Perbedaan antara perilaku unggun muatan curah padat dan fluida terutama disebabkan oleh efek dimana gaya gesekan internal unggun muatan curah jauh lebih besar dari gaya gesekan internal fluida. Oleh karena itu, unggun muatan curah dapat memiliki karakteristik fluida tertentu selama efek gaya gesekan internal tersebut dapat dihilangkan dengan cara tertentu. Di unggun terfluidakan, wadah, unggun partikel padat, dan fluida yang mengalir ke atas adalah tiga faktor dasar yang membentuk fenomena fluidisasi. Yang ditunjukkan pada Gambar 2 – 14 adalah reaktor unggun terfluidakan jenis tipikal. Diantaranya, wadah, unggun partikel padat, pelat distribusi dan kipas (atau pompa) adalah komponen-komponen dasar yang sangat diperlukan untuk reaktor unggun terfluidakan.

2.2.2 Mesin Penyinteran Sabuk

Mesin penyinteran sabuk (Gambar 2 – 15) adalah peralatan penyinteran utama dalam industri baja, jumlah produksi sinter olehnya menyumbang 99% dari total sinter seluruh dunia, ia memiliki keunggulan seperti tingkat mekanisasi tinggi, bekerja terus menerus, produktivitas tinggi dan kondisi kerja yang baik. Mesin penyinteran terdiri dari jalur tertutup yang diletakkan di atas struktur baja dan serangkaian kereta palet penyinteran yang bergerak terus menerus di jalur tersebut. Mesin penyinteran sabuk terutama terdiri dari roda kepala, roda ekor, kereta palet, alat pemantik (*igniter*), tungku pemanasan awal, distributor, alat pengumpan dan rangka ekor, dll. Pertama-tama menambahkan lapisan *hearth* (setebal 10 – 20 mm) yang dipisahkan dari bijih yang disinter ke kereta palet untuk melindungi kisi-kisi kereta palet dan mengurangi kadar debu dalam gas buang. Kemudian menambahkan campuran sinter ke kereta palet melalui distributor, menjaganya

Peralatan Metalurgi

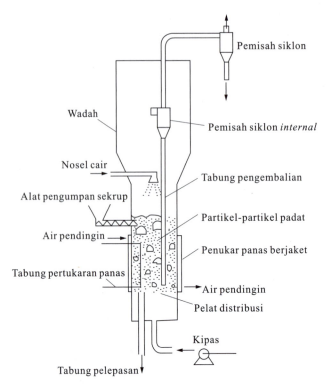

Gambar 2 – 14 Skema reaktor unggun terfluidakan jenis tipikal

dengan ketinggian tertentu, dan melakukan penyinterian *downdraft*, maju seiring dengan kereta, dan proses penyinterian berlanjut dari permukaan unggun ke ekor mesin, setelah proses penyinterian selesai, membalikkan kereta untuk mengeluarkan kue sinter. Setelah itu, kereta yang kosong berjalan di sepanjang rel bawah ke kepala mesin penyinteran, pada saat ini, mengisi ulang bahan untuk penyinteran, dengan demikian siklus ini terus menerus berlanjut. Setelah kue sinter dihancurkan dan disaring untuk menghasilkan *return fines* (bubuk bijih yang dikembalikan) yang panas, yang lalu dikirim ke alat pendingin untuk didinginkan. Gas buang yang diekstraksi dari unggun melewati kotak angin di bawah kereta dan mengalir ke pipa utama pengumpul gas dan perangkat pengumpul debu, dan dibuang ke cerobong oleh exhauster. Tubuh mesin penyinteran buang (*exhaust sintering machine*) terutama meliputi: perangkat transmisi, kereta palet, perangkat isap, segel, rangka dan sistem pelumasan terpusat.

2.2.3 Tungku Poros

Tungku poros pempeletan adalah tungku vertikal persegi panjang, struktur dasarnya seperti yang ditunjukkan pada Gambar 2 – 16. Bagian tengahnya adalah ruang panggang, di kedua sisinya adalah ruang bakar, dan bagian bawahnya adalah rol pelepas dan alat penyegel. Bagian atas mulut

2 Peralatan Utama Pirometalurgi

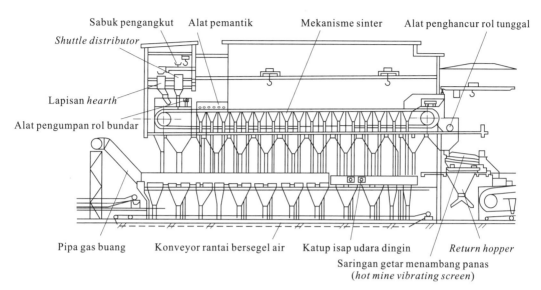

Gambar 2 – 15 Diagram skema mesin penyinteran sabuk

tungku adalah perangkat distribusi pelet mentah (*green pellet*) dan lubang buang gas buang. Untuk memfasilitasi pemerataan pelet mentah dan aliran udara pemanggangan, lebar ruang panggang sebagian besar tidak lebih dari 2,2 m.

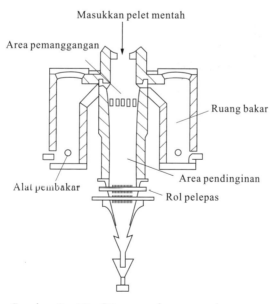

Gambar 2 – 16 Diagram skema tungku poros

Dalam tungku poros, proses pendinginan dan pemanggangan dilakukan di ruang yang sama. Pelet mentah dimasukkan dari mulut tungku atas tungku poros, dan melewati setiap zona pemana-

Peralatan Metalurgi

san dan zona pendinginan di bawah aksi gravitasinya sendiri untuk mencapai ujung pembuangan. Ada ruang bakar diatur di kedua sisi tengah *stack* tungku, yang menghasilkan gas bersuhu tinggi dan menyemprotkannya ke dalam ruang tungku untuk mengeringkan, memanaskan awal dan memanggang pelet. Nyala api yang dipancarkan dari ruang bakar di kedua sisi dapat dengan mudah membakar pusat muatan (*charge*) sepenuhnya. Setelah pendinginan awal pelet di tungku, sebagian udara panas naik dan melewati cerobong (*air guide wall*) dan alas pengeringan (*drying bed*) untuk mengeringkan pelet hijau.

2.2.4 Kiln Putar

Kiln putar adalah peralatan untuk pemanggangan dan penyinteran. Kiln putar berupa silinder horizontal yang sedikit miring. Muatan dimuat pada satu waktu, lalu diaduk dan dipanggang sambil terjatuh dari dinding tungku yang berputar, dan akhirnya dibuang dari ujung pembuangan. Kiln putar terdiri dari silinder, *ring gear* besar, perangkat pendukung, perangkat transmisi, kepala kiln, ekor kiln, alat pembakar, alat pengumpan bahan dan bagian lainnya. Diagram strukturnya seperti yang ditunjukkan pada Gambar 2 – 17.

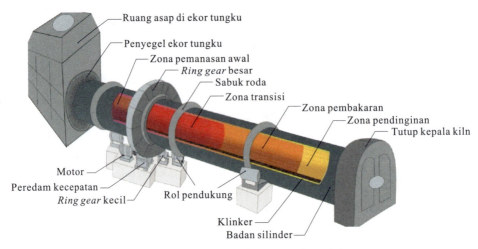

Gambar 2 – 17 Diagram skema struktur kiln putar

2.2.5 *Grate-Rotary* Kiln

Grate-Rotary Kiln terdiri dari grate rantai, kiln putar, dan alat pendingin, seperti yang ditunjukkan pada Gambar 2 – 18. Mekanisme grate rantai hampir mirip dengan alat penyinteran, yang terdiri dari badan *grate*, penutup yang dilapisi bahan tahan api pada bagian dalam, kotak angin dan perangkat transmisi. Badan grate terdiri dari rantai traksi, pelat *grate*, pelat pagar, poros pelat rantai dan roda bintang, dan beroperasi pada arah angin. Seluruh grate rantai disegel oleh penutup.

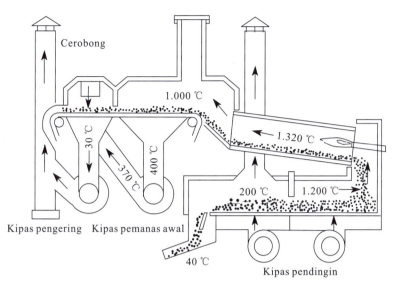

Gambar 2 – 18 Diagram skema *grate-rotary* kiln

    Proses pengeringan, dehidrasi, dan pemanasan awal pelet mentah diselesaikan pada *grate*, proses pemanggangannya suhu tinggi dilakukan di kiln putar, dan proses pendinginannya diselesaikan pada alat pendingin. *Grate* rantai dipasang di ruang yang dilapisi dengan batu bata tahan api, dibagi menjadi dua bagian: pengeringan dan pemanasan awal. Ada kotak angin diatur di bawah bar-bar *grate*, dan pelet mentah dimuat ke *grate* rantai melalui distributor rol, bergerak maju seiring dengan bar-bar *grate*, tidak perlu meletakkan lapisan *hearth* dan lapisan samping. Di ruang pengeringan, pelet mentah dikeringkan dengan gas buang bersuhu 250 − 450 ℃ yang diisap dari ruang pemanasan awal, dan suhu gas buang berkurang menjadi 30 − 180 ℃ setelah pengeringan. Kemudian pelet kering memasuki ruang pemanasan awal dan dipanaskan oleh gas buang pengoksidasi bersuhu 1.000 − 1.100 ℃ yang dikeluarkan dari kiln putar. Pelet mentah mengalami oksidasi parsial dan rekristalisasi sehingga untuk mendapatkan kekuatan tertentu, dan kemudian dimasukkan ke kiln putar untuk pemanggangan.

2.3 Peralatan Peleburan dan Pemurnian

    Proses metalurgi yang melelehkan mineral logam dan agen fluks untuk menyelesaikan reaksi kimia metalurgi dan memisahkan kandungan logam dan *gangue* dalam bijih disebut peleburan. Peleburan merupakan pendekatan utama yang digunakan untuk mendapatkan sebagian besar logam. Peralatan peleburan berbeda untuk logam yang berbeda, dan juga berbeda sesuai dengan prinsip peleburan yang berbeda. Menurut tujuan metalurgi yang berbeda, peralatan peleburan dapat dibagi menjadi peralatan pemurnian primer dan peralatan pemurnian.

Peralatan Metalurgi

2.3.1 Tungku Sembur (*Blast Furnace*)

Peralatan utama yang digunakan dalam pembuatan besi dengan tungku sembur adalah seperti yang ditunjukkan pada Gambar 2 – 19. Untuk mencapai pembuatan besi dengan tungku sembur yang normal, selain tubuh tungku sembur, sistem bantu juga perlu dilengkapi.

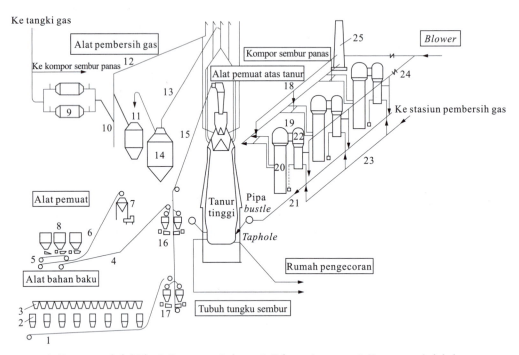

1. Konveyor sabuk bijih; 2. Corong menimbang; 3. Bak penyimpanan; 4. Konveyor sabuk kokas; 5. Alat pengumpan; 6. Konveyor sabuk bubuk kokas; 7. Tempat sampah bubuk kokas; 8. Bak penyimpanan kokas; 9. Pengendap debu elektrostatis; 10. Katup pengatur tekanan bagian atas tanur; 11. Venturi scrubber; 12. *Bleeder* gas oven kokas bersih; 13. Downcomer; 14. Alat pengumpul debu gravitasi; 15. Konveyor sabuk pemuat; 16. Corong timbangan kokas; 17. Corong timbangan bijih; 18. Pipa udara dingin; 19. Saluran asap; 20. Ruang *regenerator*; 21. Pipa utama sembur panas; 23. Ruang bakar; 24. Pipa pencampur; 25. Cerobong.

Gambar 2 – 19 Diagram koneksi peralatan produksi untuk pembuatan besi dengan tungku sembur

Tubuh tanur tinggi pembuatan besi modern terutama terdiri dari lima bagian: *hearth*, *bosh*, *belly*, *shaft*, dan *throat*, seperti yang ditunjukkan pada Gambar 2 – 20.

2.3.2 Tungku Listrik

Tungku listrik adalah peralatan yang menggunakan panas yang dihasilkan dari efek elektro-

2　Peralatan Utama Pirometalurgi

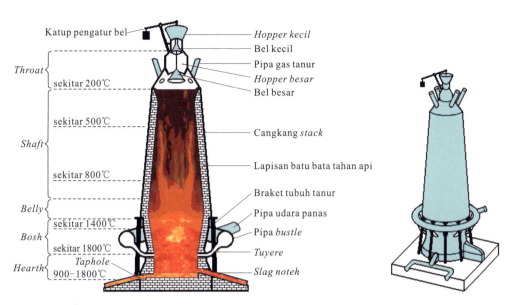

Gambar 2 – 20　Bagian-baigan utama badan tanur tinggi

kalorik untuk memanaskan bahan agar mencapai perubahan fisik dan kimia yang diinginkan. Karena lebih mudah untuk memenuhi persyaratan teknologi tertentu yang lebih ketat dan lebih khusus, tungku listrik banyak digunakan dalam peleburan, pelelehan dan perlakuan panas logam, terutama dalam peleburan dan pemrosesan logam jarang dan baja khusus. Dibandingkan dengan tungku peleburan lainnya, tungku listrik memiliki keunggulan seperti kepadatan daya pemanasan listrik yang besar, kontrol suhu dan atmosfer yang mudah dan akurat, tingkat pemanfaatan panas yang tinggi, jumlah terak yang kecil, tingkat pemulihan total yang tinggi untuk logam yang dilebur, dll.

 Menurut cara mengubah energi listrik menjadi energi panas yang berbeda, tungku listrik dapat dibagi menjadi lima kategori, yaitu tanur resistansi, tanur busur listrik, tanur induksi, tanur berkas elektron (*electron beam*), dan tanur plasma. Setiap kategori dibagi lagi menjadi beberapa subkategori sesuai dengan struktur, penggunaan, atmosfer, dan suhu tanur. Paragraf ini terutama memperkenalkan tungku busur listrik dan tungku listrik peleburan.

 Tungku busur listrik memanfaatkan panas listrik yang dihasilkan dari busur listrik untuk meleburkan logam. Tungku busur listrik dilengkapi dengan satu atau lebih buah busur listrik, yang dapat mengubah energi listrik menjadi energi panas dengan efek pelepasan busur untuk memasok energi panas yang dibutuhkan untuk memanaskan dan meleburkan bahan. Karena suhu busur yang tinggi, kapasitas konversi elektrotermal yang besar, efisiensi elektrotermal yang tinggi, atmosfer di tungku mudah dikontrol, dan pengoperasian yang sederhana, tungku busur listrik banyak digunakan di bidang industri, terutama cocok untuk peleburan bahan refraktori dan tingkat tinggi. Yang ditunjukkan pada Gambar 2 – 21 adalah diagram skema tungku busur listrik untuk pembuatan baja secara arus searah (DC). Tungku ini memiliki elektroda grafit yang melewati titik pusat

Peralatan Metalurgi

atap tungku dan dipasang secara vertikal sebagai katoda. Elektroda ini dipasang dengan kukuh pada pemegang elektroda, dan kolom yang mengencangkan pemegangnya dapat bergerak secara vertikal di sepanjang rol pemandu meja putar. Elektroda bawah adalah komponen struktural yang utama bagi tungku busur listrik DC, dan bak pendinginnya terbuka di luar cangkang tungku. Sistem kontrol dan sistem sinyalnya dapat terus memantau kondisi elektroda bawah untuk memastikan pengoperasian yang aman.

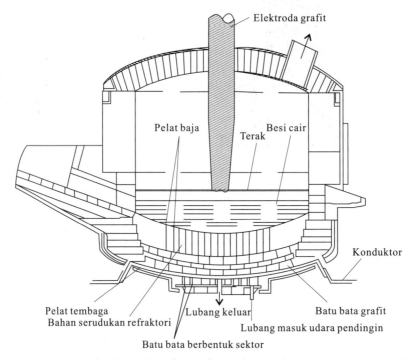

Gambar 2 - 21 Tungku busur listrik untuk pembuatan baja secara arus searah (DC)

Tungku listrik peleburan melebur bahan dengan mengandalkan panas listrik busur terendam dari elektroda dan panas listrik resistansi dari bahan, terutama termasuk tungku paduan besi (*ferroalloy*), tungku *matte* tembaga, tungku kalsium karbida dan tungku fosfor kuning. Dalam tungku busur peleburan, pemanasan bahan dan konversi panas listrik dilakukan pada lapisan bahan secara bersamaan, sehingga terkategori menjadi pemanasan dengan sumber panas internal, yang memiliki resistansi termal yang kecil dan efisiensi termal yang tinggi, umumnya efisiensi elektrotermalnya adalah 0,6 - 0,8. Peleburan material merupakan hasil efek komprehensif dari proses konversi elektrotermal dan perpindahan panas. Meskipun panas listrik dapat diserap sepenuhnya oleh bahan, namun peleburan bahan hanya dapat diwujudkan setelah panas dipindah melalui proses perpindahan panas. Tungku listrik peleburan umumnya terdiri dari cangkang, struktur baja, pasangan bata, alat pelepas produk, alat pengumpan, elektroda, dan perangkat angkat, sistem selip, perangkat konduktif elektroda, serta alat ukur panas dan sebagainya. Yang ditunjukkan pada Gambar 2 - 22 adalah diagram skema struktur tungku paduan besi jenis beroperasi terus-menerus.

2 Peralatan Utama Pirometalurgi

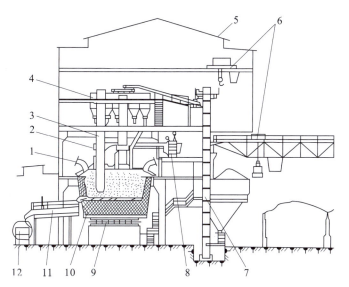

1. Lubang keluar; 2. Perangkat konduktif; 3. Elektroda; 4. Perangkat pengumpan; 5. Gedung pabrik; 6. Derek; 7. Sistem pemuat; 8. Trafo tungku listrik; 9. Braket putar; 10. Tubuh tungku; 11. Perangkat pelepas produk; 12. Tong.

Gambar 2 – 22　Tungku paduan besi jenis beroperasi terus-menerus

2.3.3　Tungku Konverter

Tungku konverter pembuatan baja dapat dibagi menjadi tungku konverter alkali dan tungku konverter asam menurut sifat bahan tahan api pelapis; dibagi menjadi tungku konverter udara dan tungku konverter oksigen menurut jenis gas pengoksidasi yang dipasok; dapat dibagi menjadi tungku konverter *top-blown*, konversi *bottom-blown*, tungku konverter *side-blown*, dan tungku konverter gabungan *top & bottom combined-blown* menurut bagian suplai udara; dan dapat dibagi menjadi tungku konverter pemanasan diri dan tungku konverter bahan bakar eksternal sesuai dengan sumber panasnya. Tubuh tungku konverter *top-blown* oksigen terutama digunakan dalam proses pembuatan baja, strukturnya adalah seperti yang ditunjukkan pada Gambar 2 – 23.

Konverter *side-blown* horizontal digunakan untuk mengonversi matte tembaga menjadi tembaga lepuh (*blister copper*), matte nikel menjadi matte nikel bermutu tinggi, dan timbel mulia (*noble lead*) menjadi paduan emas-perak, dan juga dapat digunakan untuk konversi langsung konsentrat tembaga, nikel, timbel, dan debu timbel-seng. Konverter horizontal memiliki kapasitas perlakuan yang besar, kecepatan reaksi yang cepat, tingkat pemanfaatan oksigen yang tinggi, dapat melakukan peleburan dengan pemanasan diri, dan dapat memperlakukan bahan dingin dalam jumlah besar, sehingga merupakan peralatan kunci yang sangat diperlukan dalam peleburan tembaga. Namun, konverter *side-blown* horizontal beroperasi secara periodik, yang memiliki kelema-

Peralatan Metalurgi

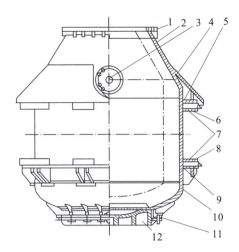

1. Mulut; 2. Topi; 3. *Taphole*; 4. Pelat pelindung; 5, 9. Pelat penjepit atas dan bawah;
6, 8. Slot pelat penjepit atas dan bawah; 7. Blok miring; 10. *Tubuh tungku*; 11. Pin dan *wedge*;
12. Bagian bawah tungku.

Gambar 2 – 23   Struktur Tubuh Tungku Konverter *Top-Blown* Oksigen

han seperti kuantitas gas buang berfluktuasi besar, konsentrasi SO_2 rendah, gas buang melimpah, kondisi kerja buruk, dan konsumsi per unit bahan tahan api tinggi. Tungku putar pemurnian terutama digunakan untuk pemurnian tembaga lepuh cair. Proses pemurniannya umumnya memiliki empat tahap, yaitu pengumpanan, oksidasi, reduksi, dan pengecoran, yang dapat memberikan pelat anoda yang memenuhi syarat untuk pemurnian elektrolisis tembaga. Oleh karena itu, tungku putar pemurnian juga disebut tungku anoda putar. Yang ditunjukan pada Gambar 2 – 24 adalah diagram struktur tungku konverter *side-blown* horizontal.

2.3.4 Tungku Isa

Peralatan utama untuk peleburan Isa meliputi tubuh tungku Isa, pistol semprot, pembangkit uap pemulihan panas (HRSG), pembakar (*burner*), *winch* pistol semprot, dll., Dan sistem bantu untuk peleburan Isa meliputi sistem periferal seperti sistem pasokan udara, sistem pengumpulan debu, sistem pengecoran terak, sistem pengecoran timbel, dan sistem pembuatan asam. Tungku Isa merupakan reaktor silinder vertikal dengan cangkang baja yang bagian dalamnya dilapisi dengan bahan tahan api, seperti yang ditunjukkan pada Gambar 2 – 25.

Atap tungku Isa adalah tutup horizontal, yang dulunya pernah mengadopsi struktur jaket berpendingin air baja atau jaket berpendingin air tembaga, tetapi sekarang sudah secara bertahap ditingkatkan menjadi struktur berpendingin air jenis dinding membran, yang menjadi bagian dari pembangkit uap pemulihan panas yang terhubung ke saluran cerobong atap tungku. Bagian sambungan antara bagian atas tubuh tungku dan cerobong dilengkapi dengan blok anti-percikan jaket

2 Peralatan Utama Pirometalurgi

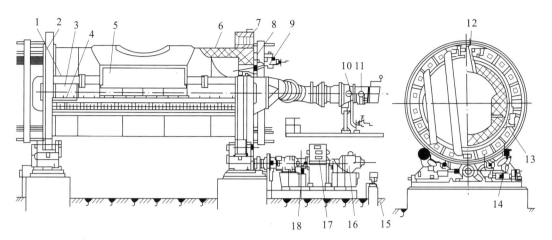

1. Cangkang; 2. Ban; 3. Pipa distribusi udara berbentuku; 4. Pipa pengumpul udara; 5. Pelat penyekat; 6. Batu bata pelapis; 7. Roda gigi mahkota; 8. Tutup bergerak; 9. Pistol semprot kuarsa; 10. Kotak bahan packing; 11. Gerbang; 12. Mulut; 13. Nosel udara; 14. Rol pendukung; 15. Tangki oli; 16. Motor; 17. Kotak roda gigi; 18. Rem elektromagnetik.

Gambar 2 – 24 Diagram struktur tungku konverter *side-blown* horizontal

berpendingin air tembaga untuk mencegah langsung masuknya percikan ke dalam cerobong dan menempel pada cerobong selama proses peleburan. Kolam leburan memiliki dua struktur: Struktur dilapisi penuh dengan batu bata krom-magnesia, dan struktur dilapisi dengan batu bata krom-magnesia dan jaket berpendingin air tembaga. Tutup atas memiliki lubang pistol semprot, lubang umpan bahan, lubang buang asap, lubang pembakar-pengawet panas dan lubang ukur kedalaman kolam (dan pengambilan sampel). Ada lubang pelepas leburan disediakan pada bagian bawah tubuh tungku, dan sesuai dengan kebutuhan produksi, satu atau lebih lubang pelepas dapat diatur.

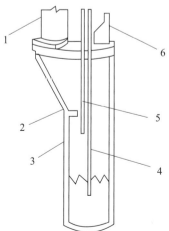

1. Cerobong vertikal; 2. Pelat anti-percikan; 3. Tubuh tungku; 4. Pistol semprot; 5. Pembakar; 6. Kotak pengumpan.

Gambar 2 – 25 Diagram skema tungku Isa

Peralatan Metalurgi

2.3.5 Tungku Kilat (*Flash Furnace*)

Tungku kilat adalah peralatan peleburan tipe menara yang tipikal, yang berpartisipasi dalam reaksinya terutama adalah udara yang diperkaya oksigen dan konsentrat tembaga (nikel) sulfida. Reaktannya adalah dalam fase gas dan fase padat, sedangkan produknya dalam fase cair dan fase gas, dan dengan kecepatan reaksi yang sangat cepat (1 – 4 detik); tetapi percepatan gerak jatuh bebas reaktan dan produk sangat besar, dan waktu tinggal di udara mereka sangat singkat. Oleh karena itu, untuk memastikan waktu reaksi selama 1 – 4 detik ini, menara reaksi harus lebih tinggi 7,5 m.

Tungku kilat adalah peralatan penguatan peleburan untuk memperlakukan sulfida bubuk, yang pertama kali diterapkan dalam produksi industri oleh Perusahaan Outokumpu pada akhir 1940-an. Karena banyak keunggulannya, tungku kilat dengan cepat diterapkan dalam praktik produksi industri peleburan matte untuk bijih sulfida seperti tembaga dan nikel. Saat ini, sudah ada hampir 50 tungku kilat digunakan dalam produksi di seluruh dunia, dan produksi tembaganya menyumbang lebih dari 30% dari total produksi tembaga. Peleburan dengan tungku kilat memiliki kelebihan seperti: Efisiensi termal yang tinggi dan konsumsi bahan bakar yang lebih sedikit, karena memanfaatkan sepenuhnya panas reaksi sulfida dalam bahan baku; efisiensi produksi yang tinggi, karena proses peleburan diperkuat dengan memanfaatkan sepenuhnya luas permukaan reaksi konsentrat; tingkat pemulihan sulfur yang tinggi, gas buang yang berkualitas, dan pencemaran lingkungan lebih sedikit, karena dapat melakukan desulfurisasi sampai tingkat apa pun dalam satu langkah; produksi matte tembaga yang bermutu tinggi, sehingga dapat mengurangi waktu pengonversian dan meningkatkan produktivitas dan umur pakai tungku konverter. Tetapi juga memiliki kekurangan seperti: Memiliki persyaratan tinggi terhadap muatan tungku dan sistem persiapan bahan yang rumit, biasanya muatan tungku dipersyaratkan dengan ukuran partikel di bawah 1mm, dan kadar air di bawah 0,3%; kandungan tembaga dalam teraknya agak tinggi, sehingga perlu diperlakukan selanjutnya; tingkat pembentukan debu yang relatif tinggi.

Ada dua jenis tungku kilat, yaitu tungku kilat dari Perusahaan Outokumpu dan tungku kilat peleburan oksigen dari Perusahaan Nikel Internasional Kanada. Tungku kilat Outokumpu terdiri dari empat bagian utama, yaitu nosel konsentrat, menara reaksi, bak pengendapan dan cerobong naik, seperti yang ditunjukkan pada Gambar 2 – 26.

2.3.6 Tungku Sembur (*Blast Furnace*)

Tungku sembur adalah sejenis tungku poros yang melebur muatan (bijih, gumpalan sinter atau pelet) yang mengandung logam di bawah kondisi dihembuskan udara biasa atau udara yang diperkaya oksigen untuk mendapatkan matte atau logam mentah. Tungku sembur dicirikan dengan efisiensi termal tinggi, produktivitas unit besar (kapasitas *hearth*), tingkat pemulihan logam

2 Peralatan Utama Pirometalurgi

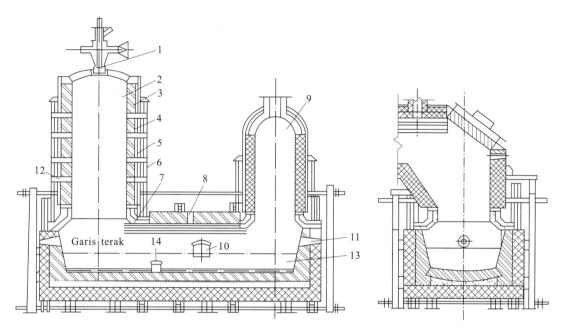

1. Nosel konsentrat; 2. Menara reaksi; 3. Pasangan bata; 4. Cangkang; 5. Pelat pendukung; 6. Dukungan;
7. Bagian penghubung; 8. Lubang pengumpan; 9. Cerobong naik; 10. *Tap* terak; 11. Nosel oli berat;
12. Cincin jaket air tembaga; 13. Bak pengendapan; 14. Lubang matte tembaga.

Gambar 2 – 26 Tungku kilat Outokumpu

tinggi, biaya rendah, dan menempati area yang kecil, dan merupakan salah satu peralatan peleburan yang penting untuk pirometalurgi. Tungku sembur telah banyak digunakan dalam peleburan logam seperti tembaga, timah dan nikel. Namun, cakupan penerapannya sudah secara bertahap menyempit karena konsumsi energi yang tinggi dan penggunaan kokas yang mahal. Namun, ia masih menempati posisi penting dalam peleburan timbel dan antimon, seperti banyak digunakan dalam peleburan reduksi timbel dan timbel-antimon, peleburan timbel-antimon dengan tanur sembur secara tertutup (ISP), dan peleburan penguapan antimon. Apalagi ada juga beberapa pabrik yang masih menggunakan tungku sembur untuk peleburan matte tembaga.

Peleburan tanur sembur dapat dibagi menjadi peleburan reduksi, peleburan penguapan-oksidasi dan peleburan matte menurut sifat proses peleburan; dibagi menjadi tanur sembur terbuka dan tanur sembur tertutup menurut karakteristik struktur atap tungku; dibagi menjadi tanur sembur jaket air penuh, tanur sembur setengah jaket air dan tanur sembur semprotan menurut tata letak jaket air pada dinding tungku; dibagi menjadi tungku sembur lingkaran, tungku sembur oval dan tungku sembur persegi panjang menurut bentuk penampang area *tuyere*; dan dibagi menjadi tungku berbentuk melebar ke atas, tabung silinder lurus, tabung berbentuk melebar ke bawah dan tungku dua lubang buang udara menurut bentuk penampang vertikal tungku. Struktur tungku sembur untuk pembuatan timbel relatif sederhana, seperti yang ditunjukkan pada Gambar 2 – 27.

Peralatan Metalurgi

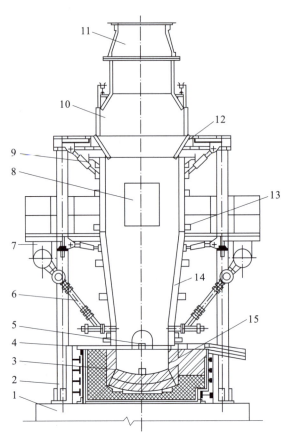

1. Pondasi tungku; 2. Dukungan; 3. *Hearth*; 4. Pelat penekan jaket air; 5. Lubang tenggorokan; 6. *Tuyere stock* dan *tuyere*; 7. Pipa *bustle*; 8. Pintu kerja seruduk (*rammed*); 9. Dongkrak; 10. Pintu pengumpan 11. *Hood*; 12. Pelat bongkar bahan; 13. Jaket air sisi atas; 14. Jaket air sisi bawah; 15. Saluran sifon dan lubang sifon.

Gambar 2 – 27 Tungku sembur untuk pembuatan timbel

2.3.7 Tungku AOD

Proses pengonversian argon-oksigen dari baja cair disebut proses AOD (dekarburisasi argon-oksigen), yang terutama digunakan untuk peleburan sekunder baja nirkarat. Pada tahun 1968, Slater Steel membangun tungku AOD 15 t pertama di dunia. Pada bulan September 1983, perusahaan TISCO membangun tungku AOD 18 t pertama di Tiongkok, dan tungku AOD kedua mulai dimasukkan ke dalam produksi pada tahun 1987. Sampai tahun 2007, jumlah produksi baja nirkarat dengan metode AOD sudah menyumbang lebih dari 70% dari total produksi baja nirkarat dunia.

Proses AOD melakukan pengonversian pada baja cair dengan menggunakan argon dan oksigen, yang umumnya dihembuskan ke kolam leburan dari sisi dasar tungku dalam bentuk campuran, tetapi juga ada yang ditiup secara terpisah pada saat yang sama. Selama proses pengonversian, 1 mol oksigen akan bereaksi dengan karbon yang terkandang dalam baja untuk menghasilkan 2 mol karbon monoksida, tetapi setelah melewati kolam leburan, 1 mol gas argon itu tidak berubah tetapi tetap mengalir keluar sebagai 1 mol gas, sehingga buat tekanan parsial karbon monoksida di bagian atas kolam leburan berkurang, sehingga sangat bermanfaat untuk dekarburisasi dan penahanan kromium saat peleburan baja nirkarat. Prinsip dasar proses pengonversian argon-oksigen mirip dengan dekarburisasi di bawah kondisi vakum, dekarburisasi vakum menggunakan kondisi vakum untuk mengurangi tekanan parsial karbon monoksida dalam produk dekarburisasi, sedangkan proses pengonversian argon-oksigen menggunakan pengenceran gas untuk mengurangi tekanan parsial karbon monoksida, jadi tidak perlu dilengkapi dengan peralatan vakum yang mahal, oleh itu proses ini juga disebut proses vakum yang disederhanakan.

Peralatan tungku AOD terutama terdiri dari tubuh tungku AOD, mekanisme kemiringan tubuh tungku, sistem *hoop* bergerak, sistem suplai gas dan pengumpanan bahan paduan, dll. Diagram skema tungku AOD dan pistol udara adalah seperti yang ditunjukkan pada Gambar 2 - 28.

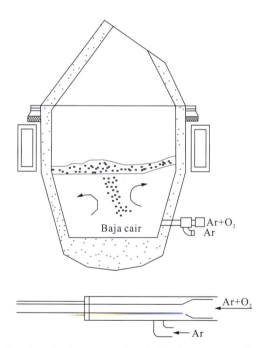

Gambar 2 - 28   Tungku AOD dan piston udara

2.3.8   Tungku *Ladle* (LF)

Proses tungku *ladle* dikembangkan oleh Daido Steel pada tahun 1971, yang menggunakan pemanasan busur untuk menghasilkan terak reduksi dengan kebasaan tinggi dan melakukan reaksi

Peralatan Metalurgi

metalurgi seperti deoksidasi, desulfurisasi, dan pemaduan (*alloying*) baja cair dalam atmosfer non-pengoksidasi, sehingga memurnikan baja cair. Untuk membuat baja cair tersentuh sepenuhnya dengan terak pemurnian, memperkuat reaksi pemurnian, menghilangkan inklusi, dan memfasilitasi homogenisasi suhu baja cair dan komposisi paduan, biasanya pengadukan dilakukan dengan meniup gas argon ke dalam *ladle* dari bagian bawah. Prinsip kerjanya seperti yang ditunjukkan pada Gambar 2-29. Setelah baja cair tiba di stasiun, *ladle* dipindahkan ke posisi kerja pemurnian, terak sintetis ditambahkan, dan elektrode grafit diturunkan ke dalam terak cair untuk melakukan pemanasan busur terendam pada baja cair, agar mengompensasi penurunan suhu selama proses pemurnian, dan melakukan pengadukan dengan meniup gas argon dari bagian bawah secara serentak. Tungku *ladle* dapat bekerja sama dengan tungku listrik untuk menggantikan periode reduksi tungku listrik, yang dapat secara signifikan mempersingkat waktu peleburan dan meningkatkan produktivitas tungku listrik, dan juga dapat bekerja sama dengan tungku oksigen basa (BOF) untuk menghasilkan baja paduan berkualitas tinggi. Selain itu, tungku *ladle* juga merupakan peralatan yang tak tergantikan untuk mengontrol komposisi dan suhu baja cair dan menyesuaikan ritme produksi di bengkel pengecoran kontinu, terutamanya untuk bengkel pengecoran kontinu baja paduan. Karena keunggulannya seperti peralatan sederhana, biaya investasi rendah, operasi yang fleksibel dan efek penyulingan yang baik, proses tungku *ladle* telah menjadi populer digunakan dalam proses pemurnian *ladle*, dan tungku *ladle* telah menduduki posisi dominan dalam peralatan pemurnian sekunder.

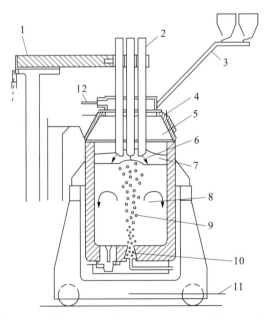

1. Lengan silang elektroda; 2. Elektroda; 3. *Chute* pengumpan, 4. Tutup tungku berpendingin air; 5. Atmosfir lembam dalam tungku; 6. Busur; 7. Terak; 8. Pengadukan gas; 9. Baja cair; 10. Sumbat ventilasi; 11. Kereta *ladle*; 12. *Hood* berpendingin air.

Gambar 2-29 Diagram skema tungku *ladle*

Tungku *ladle* terutama terdiri dari *ladle*, sistem pemanasan busur, sistem *bottom-blown* argon, sistem pengambilan sampel untuk pengukuran suhu, sistem kontrol, perangkat penambahan paduan dan terak, posisi kerja *skimming* yang cocok untuk beberapa tungku peleburan primer, posisi kerja penyemprotan bubuk atau pengumpanan kawat baja yang cocok untuk baja sulfur rendah dan baja sulfur sangat rendah, posisi kerja yang diperlukan oleh proses LFV (tungku *ladle* + vakum) untuk degassing baja, tutup tungku dan sistem air pendingin.

2.4 Peralatan Pengolahan Terak dan Gas Buang

2.4.1 Tungku *fuming*

Tungku *fuming* adalah peralatan yang meniupkan campuran udara dan batubara halus (*fine coal*) ke dalam terak cair untuk menguapkan beberapa logam berharga dari terak dalam bentuk logam, oksida atau sulfida. Tungku *fuming* pada awalnya adalah peralatan untuk mengolah terak dari tungku sembur timbel. Pada tahun 1962, negara kami mulai menggunakan tungku *fuming* untuk mengolah terak hasil peleburan timah, dan memperoleh debu (*flue dust*) yang mengandung sekitar 50% timah, yang mengurangi kandungan timah dalam terak dari 3% menjadi kurang dari 0,1%.

Di smelter timbel, seng, dan timah, semua bahan yang mengandung logam berharga yang mudah menguap serta senyawanya dapat diolah dengan tungku *fuming*. Pengolahan terak timbel dan timah dengan tungku *fuming* memiliki keuntungan seperti energi panas dari lelehan terak dapat digunakan, tingkat pemulihan logam tinggi, produktivitas tinggi, pengoperasian sederhana, dan dapat menggunakan batubara kualitas rendah atau gas alam sebagai bahan bakar. Bagian dasar, *shaft*, atap dan cerobong keluar tungku *fuming* semuanya dilengkapi dengan jaket air, dan dasarnya dilapisi dengan batu bata tahan api. Tungku *fuming* mengonsumsi banyak bahan bakar, jadi dengan memasang pembangkit uap pemulihan panas dapat membantu memulihkan sebagian besar limbah panas.

2.4.2 Alat Pengumpul Debu Gravitasi

Teknologi pengumpulan debu dengan gravitasi adalah untuk mengumpul debu dengan menggunakan efek pengendapan gravitasi partikel debu untuk memisahkan debu dari gas, yang merupakan metode pengumpulan debu tertua dan paling sederhana. Perangkat pengumpul debu gravitasi juga disebut ruang pengendapan, yang memiliki keuntungan seperti struktur sederhana, perawatan mudah, resistansi kecil (umumnya 50–150 Pa, terutama karena kehilangan tekanan pada lubang masuk dan keluar gas), biaya perawatan rendah, tahan lama, keandalan tinggi, jarang gagal dan

Peralatan Metalurgi

tahan suhu debu yang tinggi. Tetapi kerugiannya adalah: efisiensi pengumpulan yang rendah (umumnya hanya 40%–50%, cocok untuk mengumpulkan partikel-partikel debu dengan ukuran partikel lebih besar dari 50 μm), dan ukuran yang besar sehingga menempati area yang luas. Alat pengumpul debu hanya dapat mengumpulkan debu yang partikelnya kasar, sehingga sebagian besar digunakan untuk pra-pengumpulan dalam pengumpulan debu multi-tahap. Tempat (bak) penyimpanan bahan dan saluran cerobong besar dengan *hopper* abu juga dapat berfungsi sebagai alat pengumpul debu inersia.

Di sini kami mengambil alat pengumpul debu gravitasi jenis aliran gas horizontal sebagai contoh untuk mengilustrasikan prinsip kerja alat pengumpul debu gravitasi. Seperti yang ditunjukkan pada Gambar 2 – 30 adalah keadaan pengendapan partikel-partikel debu secara gravitasi di bawah kondisi aliran gas berdebu mengalir secara horizontal. Dalam kondisi ini, partikel-partikel debu terutama dipengaruhi oleh gaya gravitasi, gaya apung, dan gaya hambat saat mengendap, dimana arah gaya gravitasi sama dengan arah pengendapan, sedangkan arah gaya apung berlawanan dengan arah pengendapan, jadi perbedaan antara keduanya adalah gaya pengendapan partikel-partikel debu. Partikel-partikel debu bergerak ke bawah di bawah aksi gaya pengendapan, tetapi karena gaya hambat media meningkat secara terus menerus, mereka dengan cepat mencapai kesetimbangan dengan gaya pengendapan.

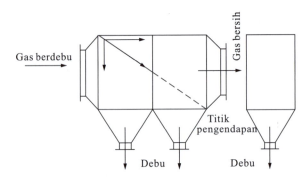

Gambar 2 – 30   Diagram skema proses pengendapan gravitasi partikel-partikel debu

2.4.3   Alat Pengumpul Debu Siklon

Alat pengumpul debu siklon adalah perangkat pemisah gas-padat yang memisahkan debu dari gas dengan menggunakan gaya sentrifugal yang dihasilkan dari aliran gas berdebu yang berputar. Alat pengumpul debu siklon memiliki keunggulan seperti struktur sederhana, kinerja stabil, biaya murah, ukuran kecil, pengoperasian dan pemeliharaan mudah, kehilangan tekanan sedang, dan konsumsi daya dinamis rendah, sehingga dapat digunakan untuk pengumpulan debu dari gas bertekanan tinggi, dan dapat menangkap debu dengan ukuran partikel di atas 5 μm, dengan demikian dikategorikan sebagai alat pengumpul debu berefisiensi sedang. Kerugiannya adalah efisiensi pengumpulan yang rendah, dan buruknya kinerja pengumpulan debu dari gas berdebu dengan perubahan aliran besar. Gaya hambat yang dialami oleh peralatan bervariasi seusai dengan bentuk struktur dan laju aliran masuk, maksimumnya 3.000 Pa. Tingkat efisiensi pengumpulan berbanding lurus dengan besarnya gaya hambat. Selain itu, semakin tingginya kepadatan debu dan kandungan debu dalam gas buang, semakin meningkat efisiensi pengumpulan. Jika debu memiliki kekerasan yang tinggi, ketahanan aus peralatan perlu diperhatikan. Alat pengumpul debu siklon terbuat dari pelat baja biasa, dan bagian luarnya dapat menahan suhu maksimum 450 ℃.

Alat pengumpul debu siklon umumnya terdiri dari silinder, kerucut, pipa masuk, pipa buang, dan pipa pelepas abu. Alat pengumpul debu dan aliran gas didalamnya adalah seperti yang ditunjukkan pada Gambar 2 – 31. Alat pengumpul debu siklon bekerja berdasarkan gaya sentrifugal, yaitu ketika gas berdebu memasuki pemisah siklon dari lubang masuk tangensial, aliran gas akan berubah dari gerakan linier menjadi gerakan melingkar. Sebagian besar aliran udara yang berputar akan bergerak ke bawah dari silinder di sepanjang dinding alat, dan mengalir ke arah kerucut, yang biasanya disebut aliran gas berputar keluar (*external cyclone airflow*). Ketika gas berputar keluar yang menurun mencapai kerucut, ia bergerak lebih dekat ke pusat alat pengumpul debu karena kontraksi kerucut. Menurut prinsip konstanta torsi rotasi, kecepatan tangensialnya terus meningkat, dan gaya sentrifugal yang diterima oleh partikel-partikel debu juga terus meningkat. Ketika aliran gas mencapai posisi tertentu di ujung bawah kerucut, ia berbalik dari bagian tengah alat pemisah siklon ke atas dengan arah rotasi yang sama, dan terus mengalir secara spiral, yang disebut aliran gas berputar kedalam (*internal cyclone airflow*). Akhirnya, gas yang dimurnikan dibuang dari pipa buang, dan sebagian partikel debu yang tidak terperangkap juga dibuang dari pipa ini.

Bagian kecil lain dari gas yang mengalir masuk dari pipa masuk akan mengalir ke arah tutup atas pemisah siklon, dan kemudian mengalir ke bawah di sepanjang bagian luar pipa buang, kemudian berbalik ke atas setalah mencapai ujung bawah pipa buang, dan dibuang dari pipa buang bersamaan dengan aliran gas pusat yang naik. Partikel-partikel debu yang tersebar di bagian aliran gas ini juga ikut terbawa.

2.4.4 Filter Kantong

Filter kantong adalah alat pengumpul debu berefisiensi tinggi yang menggunakan bahan filter serat organik atau anorganik untuk menyaring dan memisahkan debu padat dari gas berdebu. Ia disebut filter kandung karena bahan filternya kebanyakan dibuat dalam bentuk kantong. Filter kantong cocok untuk mengumpulkan debu yang bersifat non-kohesif dan non-serat. Debu yang akan diolahkan dipersyaratkan dengan konsentrasi massa awal $0,0001 - 200$ g/m^3 dan ukuran partikel $0,1 - 200$ μm. Untuk debu dengan konsentrasi massa terlalu tinggi (>200 g/m^3) atau ukuran partikel lebih besar dari 200 μm, sebaiknya dikumpulkan debu melalui alat pengumpul debu siklon terlebih dahulu.

Peralatan Metalurgi

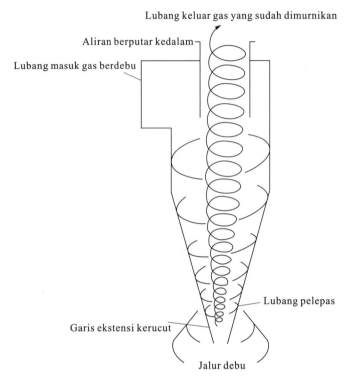

Gambar 2-31　Komponen-komponen alat pengumpul debu dan aliran gas dalamnya

　　Keunggulan terbesar dari filter kantong adalah efisiensi pengumpulan yang tinggi, yang umumnya lebih besar dari 99%, sehingga dikategorikan sebagai alat pengumpul debu berefisiensi tinggi. Filter kantong memiliki kemampuan beradaptasi yang kuat, efisiensi pengumpulannya sedikit saja dipengaruhi oleh sifat debu, dan beroperasi dengan stabil. Dibandingkan dengan alat pengumpul debu listrik, filter kantong tidak memiliki peralatan tambahan dan persyaratan teknis yang rumit, dan biayanya lebih rendah; dan dibandingkan dengan alat pengumpul debu basah, prose pemulihan dan pemanfaatan debunya lebih nyaman, tidak perlu ditambil tindakan antibeku pada musim dingin, dan memiliki persyaratan anti korosi yang relatif rendah untuk debu korosif. Oleh karena itu, strukturnya yang relatif sederhana dan biaya pengoperasiannya relatif rendah, sehingga banyak digunakan, dan penggunaannya sudah menyumpang 60%-70% dari total penggunaan alat pengumpul debu. Filter kantong tidak cocok untuk menangani gas yang mengandung debu bersifat delikuesen (mudah menyerap air dan mencair) dan kental. Filter kantong memiliki gaya hambat yang relatif besar, dan kondisi kerja untuk pemeriksaan dan penggantian kantong filter agak buruk, khusus untuk pengumpulan debu yang mengandung asap beracun, tindakan perlindungan perlu dipertingkat. Yang ditunjukkan pada Gambar 2-32 adalah diagram skema struktur filter kantong jenis *middle-rapping*.

2 Peralatan Utama Pirometalurgi

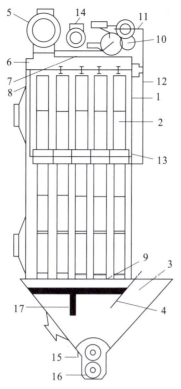

1. Ruang filter; 2. Kantong filter; 3. Lubang masuk; 4. Pelat penyekat; 5. Pipa buang; 6. Pintu pipa buang; 7. Pintu pipa pengembalian; 8. Rangka besi gantungan kantong; 9. Papan berlubang; 10. *Rapper*; 11. *Rocker*; 12. Batang pemukul; 13. Bingkai; 14. Pipa pengembalian; 15. Konveyor sekrup; 16. Roda berkisi; 17. Alat termoelektrik.

Gambar 2 – 32   Filter kantong jenis *middle-rapping*

2.4.5 Pengendap Debu Elektrostatis (*Electrostatic Precipitator*)

Pengendap debu elektrostatis adalah alat pengumpul debu yang memisahkan debu atau tetesan cairan dari gas dengan mengionisasi gas berdebu dalam medan listrik bertegangan tinggi sehingga partikel-partikel debu atau tetesan cairan diisi (*charged*) dan diendapkan pada elektroda di bawah aksi gaya medan listrik. Dibandingkan dengan alat pengumpul debu lainnya, pengendap debu elektrostatis memiliki fitur-fitur yang luar biasa, seperti: memiliki efisiensi pengumpulan yang tinggi (di atas 99%) terhadap hampir semua jenis debu, asap, dan partikel-partikel dengan diameter yang sangat kecil, gaya hambat terhadap peralatan kecil, biaya operasi rendah, tahan suhu tinggi dan tekanan tinggi, tahan aus, dan kondisi operasi yang baik. Namun, biaya infrastrukturnya tinggi, dan memiliki persyaratan teknis yang ketat untuk pengoperasian dan pengelolaan. Pengendap debu elektrostatis banyak digunakan dalam metalurgi dan industri lainnya.

Peralatan Metalurgi

Pengendap debu elektrostatis memiliki banyak jenis dan bentuk struktur, tetapi semuanya didasarkan pada prinsip kerja yang sama. Biasanya, pelat atau tabung yang diarde digunakan sebagai elektroda pengumpul debu, dan di tengah antar pelat atau di pusat tabung ditempatkan elektroda pelepasan (kawat korona) yang ditegangkan dengan pemberat, sehingga membentuk elektroda kerja pengumpul debu. Saat bekerja, arus searah tegangan tinggi diberikan ke dua elektroda pengumpul debu untuk mempertahankan medan elektrostatik yang cukup untuk mengionisasi gas di antara kedua elektroda. Ketika gas berdebu memasuki dengendap debu dan melewati medan listrik tersebut, sejumlah besar ion positif & negatif dan positron & negatron dihasilkan dan buat debu diisi, kemudian debu yang bermuatan listrik bergerak ke elektroda pengumpul debu di bawah aksi gaya medan listrik dan diendapkan pada elektroda pengumpul debu, sehingga mencapai tujuan pemurnian dan pengumpulan debu. Ketika debu yang diendapkan pada elektroda pengumpul debu mencapai ketebalan tertentu, mekanisme pembersih akan menjatuhkan debu ke dalam hopper untuk dibuang. Prinsip kerja pengumpulan debu secara elektrostatik meliputi pelepasan korona, ionisasi gas, pengisian (*charging*) partikel, pengendapan partikel, pembersihan debu, dll.

Di medan listrik pengendap debu elektrostatis ada dua mekanisme untuk pengisian partikel debu: Satu adalah proses pengisian melalui adsorpsi ion di medan listrik, biasanya disebut pengisian medan listrik atau pengisian tabrakan; yang lainnya adalah proses pengisian yang dihasilkan oleh fenomena difusi ion, biasanya disebut pengisian difusi. Jumlah muatan partikel debu terkait dengan faktor-faktor seperti ukuran partikel debu, kekuatan medan listrik, dan waktu tinggal partikel debu. Umumnya, pengisian dengan medan listrik merupakan faktor yang lebih penting. Yang ditunjukkan pada Gambar 2 - 33 adalah diagram skema proses pengisian dan pergerakan partikel debu di pengendap debu elektrostatis.

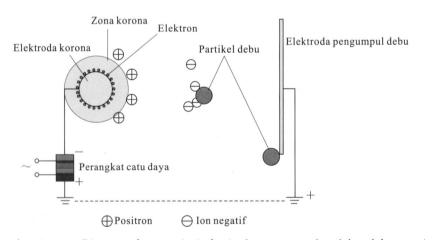

Gambar 2 - 33 Diagram skema prinsip kerja dasar pengendap debu elektrostatis

Pengendap debu elektrostatis biasanya terbadi menjadi dua bagian: Tubuh mekanis pengendap debu dan perangkat catu daya. Tubuh mekanisnya terutama mencakup perangkat elektroda korona, perangkat elektroda pengumpul debu, perangkat pembersih debu, perangkat distribusi aliran gas, dan cangkang. Terlepas dari jenis apapun, struktur pengendap debu elektrostatis umumnya terdiri dari bagian-bagian seperti yang ditunjukkan pada Gambar 2 – 34.

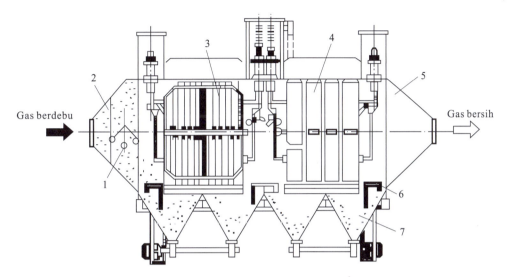

1. *Rapper*; 2. Pelat distribusi aliran gas; 3. Elektroda korona; 4. Elektroda pengumpul debu; 5. Cangkang; 6. Platform inspeksi; 7. *Hopper* dube.

Gambar 2 – 34   Diagram skema pengendap debu elektrostatis horizontal

2.5 Sel Elektrolisis Leburan Garam Suhu Tinggi

Selain elektrolisis yang dilakukan dalam larutan elektrolit berair, teknik elektrolisis juga mencakup kategori elektrolisis lain, yaitu elektrolisis yang dilakukan dalam elektrolit leburan garam, yang disebut elektrolisis leburan garam. Karena potensial elektroda yang sangat negatif, beberapa logam yang berperan penting dalam industri tidak bisa direduksi dan diendapkan dari katoda dalam larutan berair, sehingga hanya dapat diproduksi dengan proses elektrolisis leburan garam, seperti logam alkali (litium, natrium, kalium), logam alkali tanah (berilium, magnesium, kalsium), dan aluminium yang diproduksi dalam jumlah besar; selain itu, beberapa logam yang sulit diproduksi dalam larutan berair, seperti titanium, zirkonium, tantalum, niobium, wolfram, molibdenum, vanadium, dll., juga diproduksi dengan proses elektrolisis leburan garam, tetapi dalam jumlah kecil. Proses elektrolisis leburan garam juga digunakan untuk produksi nonlogam, terutamanya produksi fluorin; dan non-logam lainnya seperti boron dan silikon juga dapat diproduksi dengan proses elektrolisis garam cair.

Produksi logam aluminium merupakan proses elektrolisis leburan garam suhu tinggi yang tipikal. Sejak proses pembuatan aluminium secara elektrolisis leburan garam kriolit-alumina diguna-

Peralatan Metalurgi

kan dalam produksi industri pada tahun 1888, dengan terus berkembangnya teknologi produksi elektrolisis aluminium, meningkatnya biaya energi dan semakin ketatnya persyaratan perlindungan lingkungan, struktur dan kapasitas sel elektrolisis juga sudah mengalami perubahan besar, dan terus berkembang menuju arah skala besar dan otomatis, terutamanya perubahan struktur anoda. Urutan peningkatan struktur anodanya hampir sebagai berikut: Anoda *prebaked* kecil → anoda *self-baked* konduktif samping → anoda *self-baked* konduktif atas → anoda *prebaked* besar jenis terputus-putus dan kontinyu → anoda *prebaked* jenis pemrosesan menengah.

Sel elektrolisis anoda *self-baked* pertama-tama membuat pasta anoda menjadi bongkahan dengan alat pembentuk (melalui getaran atau ekstrusi), dan memanggangnya di tungku pemanggangan terlebih dahulu, dan merakitnya dengan batang aluminium, cakar baja dan komponen lainnya untuk membentuk kelompok anoda (atau blok anoda); kemudian langsung menggantung pada busbar anoda sel elektrolitik untuk produksi, sel elektrolitik aluminium serupa itu disebut sel *prebaked*. Sel elektrolisis anoda *self-baked* dibagi menjadi sel elektrolisis anoda prebaked jenis pemrosesan (pembongkaran) tepi dan sel elektrolisis anoda prebaked jenis pemrosesan (pembongkaran) menengah yang besar, yang terakhir sudah menjadi sel elektrolitik yang paling populer untuk produksi elektrolisis aluminium, strukturnya seperti yang ditunjukkan pada Gambar 2 – 35.

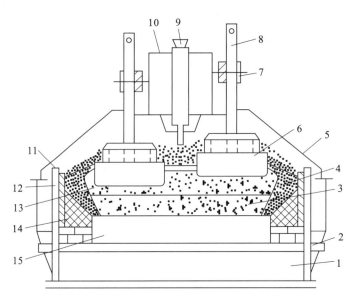

1. Lapisan bata di dasar sel; 2. Batang baja katoda; 3. Aluminium cair; 4. *Side ledge (side tungku)*; 5. Tudung pengumpul asap; 6. Blok karbon anoda; 7. Busbar anoda; 8. Batang pemandu (*guide rod*) anoda; 9. Perangkat pemecah kerak & pembongkar; 10. Rangka baja pendukung; 11. Blok karbon tepi; 12. Cangkang; 13. Elektrolit; 14. *Ledge* buatan; 15. Blok karbon katoda.

Gambar 2 – 35 Sel elektrolisis anoda *prebaked* jenis pemrosesan (pembongkaran) menengah

2　Peralatan Utama Pirometalurgi

　　Sel elektrolisis anoda prebaked jenis pemrosesan (pembongkaran) menengah mengadopsi alat pembongkar pola titik, dan setiap sel elektrolisis memiliki 3 – 6 perangkat pemecah kerak & pembongkar, yang dapat secara teratur memasukkan bahan ke dalam sel, dan memiliki keuntungan seperti dapat menjaga kestabilan kondisi teknologi dan kestabilan konsentrasi alumina dalam elektrolit. Sel elektrolisis ini memiliki struktur bagian atas yang sederhana, yang nyaman untuk disegel dan diperbesarkan (menjadi skala besar), dan mudah untuk mewujudkan mekanisasi dan otomatisasi operasi produksi. Sel elektrolisis ini dicirikan dengan efisiensi arus tinggi, konsumsi energi rendah, jumlah produksi besar, dan produktivitas tenaga kerja yang tinggi. Selain itu, penggunaan blok karbon anoda yang disiapkan sebelumnya mengurangi debu yang dihasilkan dalam produksi, yang nyaman untuk dilakukan pemurnian dan pemulihan secara kering, dan kondusif untuk perlindungan lingkungan.

Peralatan Metalurgi

3 Peralatan Utama Hidrometalurgi

3.1 Peralatan Penghantar Fluida

3.1.1 Pompa

Penghantaran benda cair merupakan operasi yang paling sering ditemui dalam produksi. Pompa adalah mesin yang menghantar cairan dan meningkatkan tekanan cairan, yang banyak digunakan di berbagai sektor ekonomi nasional. Khususnya dalam produksi hidrometalurgi, kebanyakan bahan baku, produk antara dan produk akhirnya dalam bentuk cair, sehingga pompa harus digunakan untuk memasukkan dan mengeluarkan bahan, agar memenuhi persyaratan proses metalurgi. Karena cairan yang dihantar dalam proses metalurgi memiliki jenis dan sifat yang berbeda, struktur dan bahan pompa yang dibutuhkan juga berbeda, sehingga pompa dengan bahan dan struktur khusus seringkali perlu dipilih untuk memenuhi persyaratan produksi.

1) Pompa sentrifugal

Pompa sentrifugal adalah mesin penghantar cairan jenis *impeller* putar berkecepatan tinggi yang tipikal dalam produksi metalurgi, yang dicirikan dengan struktur sederhana, pengoperasian yang nyaman, penyesuaian dan kontrol yang mudah, laju aliran yang besar dan seragam, dll., dan menyumpang sekitar 80% dari total pompa digunakan untuk penghantaran fluida dalam metalurgi. Pompa sentrifugal dapat dibagi menjadi jenis pengisapan tunggal (*single-suction*), pengisapan ganda (*double-suction*), tahap tunggal, multi tahap, horizontal, vertikal, kecepatan rendah, dan kecepatan tinggi. Menurut media penghantarnya, dapat dibagi menjadi pompa air, pompa tahan korosi, pompa oli dan pompa pengotor, dll. Sekarang kecepatan dari pompa sentrifugal berkecepatan tinggi sudah mencapai 24.700 r/min, dan daya dorong (*head*) satu tahapnya sudah mencapai 1.700 m. Pompa sentrifugal tahap tunggal yang diproduksi di Tiongkok sekarang memiliki laju aliran antara 5,5 – 300 m^3/jam.

Pompa sentrifugal menghantar cairan dengan menggunakan gaya sentrifugal yang dihasilkan ketika *impeller* berputar. Yang ditunjukkan pada Gambar 3 – 1 adalah diagram skema prinsip kerja pompa sentrifugal sederhana, yang poses kerjanya meliputi proses pembuangan cairan dan proses pengisapan cairan. Tubuh utama pompa sentrifugal terbagi menjadi dua: bagian yang berputar dan bagian yang diam. Bagian yang berputar termasuk *impeller* dan poros pompa, sedangkan bagian yang diam termasuk cangkang, perangkat perapat poros dan bantalan.

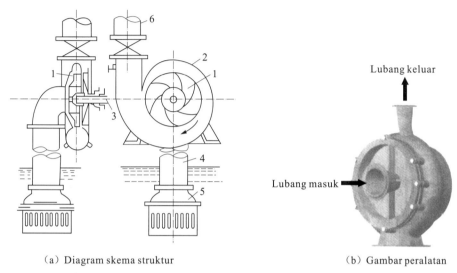

(a) Diagram skema struktur (b) Gambar peralatan

1. *Impeller*; 2. Cangkang; 3. Poros pompa; 4. Pipa isap; 5. Katup bawah; 6. Pipa buang.

Gambar 3 – 1　Pompa sentrifugal

2) Pompa bolak-balik

Pompa bolak-balik adalah nama umum bagi pompa piston, pompa plunger dan pompa diafragma. Pompa ini menggunakan gerakan bolak-balik piston untuk mentransfer energi ke cairan sehingga mewujudkan pengisapan dan pembuangan cairan. Laju aliran fluida yang dihantar oleh pompa bolak-balik hanya terkait dengan perpindahan piston, bukan dengan kondisi pipa, sedangkan daya dorong pompa bolak-balik hanya terkait dengan kondisi pipa.

Struktur pompa bolak-balik aksi tunggal (*single action*) seperti yang ditunjukkan pada Gambar 3 – 2, terutama terdiri dari silinder, piston, katup isap satu arah, dan katup buang satu arah. Batang piston mengubah gerakan ayunan (*reciprocating*) motor menjadi gerakan bolak-balik linier melalui mekanisme *crank-connecting rod*. Saat bekerja, piston bergerak bolak-balik di bawah aksi gaya eksternal, sehingga mengubah volume dan tekanan di silinder pompa, dan secara bergantian membuka katup isap dan buang untuk mencapai tujuan penghantaran cairan. Titik tempat berakhirnya gerakan piston ke kiri dan kanan di silinder disebut "titik mati", dan perjalanan piston di antara kedua titik mati disebut "langkah".

3) Pompa putar

Pompa putar menggunakan efek putaran rotor di dalam pompa untuk mengisap dan membuang cairan, jadi juga dikenal sebagai pompa rotor. Pompa putar memiliki banyak jenis, tetapi prinsip kerjanya hampir sama, yang paling umum digunakan adalah pompa roda gigi. Struktur

Peralatan Metalurgi

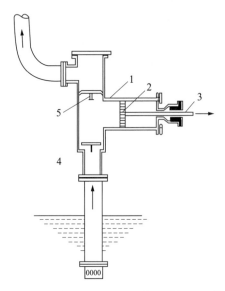

1. Silinder; 2. Piston; 3. Batang piston; 4. Katup hisap; 5. Katup buang.

Gambar 3 – 2   Diagram skema pompa bolak-balik aksi tunggal

pompa roda gigi adalah seperti yang ditunjukkan pada Gambar 3 – 3, terutama terdiri dari cangkang oval dan dua roda gigi, dimana satunya adalah roda gigi penggerak yang digerakkan oleh mekanisme transmisi, dan yang lainnya adalah roda gigi tergerakkan yang saling bersinggungan dengan roda gigi penggerak dan berputar ke arah yang berlawanan seiringnya. Saat roda gigi berputar, gigi-gigi kedua roda gigi terpisah satu sama lain sehingga membentuk tekanan rendah untuk mengisap cairan dan mendorongnya ke ruang buang di sepanjang dinding cangkang. Di ruang buang, gigi-gigi kedua roda gigi saling mendekati sehingga membentuk tekanan tinggi untuk membuang cairan. Proses ini berulang untuk menyelesaikan tugas penghantaran cairan. Pompa roda gi-

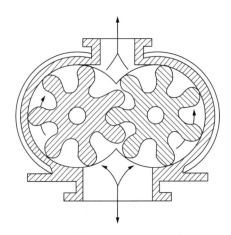

Gambar 3 – 3   Diagram skema pompa roda gigi

gi memiliki kepala tekanan yang tinggi dan laju aliran yang kecil, sehingga dapat digunakan untuk menghantar fluida dan pasta yang kental, tetapi bukan padatan tersuspensi dengan partikel padat.

Sekarang pompa sentrifugal sudah menjadi pompa yang paling banyak digunakan dalam produksi industri metalurgi, ini karena ia tidak hanya memiliki struktur yang sederhana dan kompak, dapat langsung terhubung dengan motor dan tidak memiliki persyaratan pondasi yang tinggi, tetapi juga memiliki laju aliran yang seragam, mudah diatur, dapat dibuat dari berbagai bahan tahan korosi dan dapat menghantar cairan korosif yang mengandung padatan tersuspensi. Kerugiannya adalah daya dorongnya (head) umumnya tidak tinggi, tidak memiliki kemampuan self-priming, dan efisiensinya rendah.

3.1.2 Peralatan Penghantar Gas

Struktur dan prinsip kerja peralatan penghantar gas hampir sama dengan peralatan penghantar cairan, fungsi mereka adalah melakukan kerja pada fluida untuk meningkatkan tekanan statis fluida. Namun, karena kompresibilitas gas jauh lebih besar daripada cairan, peralatan penghantar gas dan peralatan penghantar cairan memiliki karakteristik yang berbeda. Peralatan penghantar gas memiliki volume besar, kepala tekanan tinggi, dan struktur yang lebih kompleks. Selain diklasifikasi menurut prinsip kerja dan struktur, umumnya peralatan penghantar gas juga dapat diklasifikasikan menurut tekanan lubang keluar (tekanan alat ukur) atau rasio kompresi yang dihasilkan oleh peralatan penghantar gas, seperti yang ditunjukkan pada Tabel 3 - 1.

Tabel 3 - 1 Klasifikasi peralatan penghantar gas

Jenis	Tekanan lubang keluar (tekanan alat ukur)	Rasio kompresi
Kipas	$\leqslant 15$ kPa	$1 - 1,15$
Blower	$15 - 300$ kPa	<4
Kompresor	$>0,3$ MPa	>4
Pompa vakum	Tekanan atmosfir	Tergantung pada tingkat kevakuman

1) Kipas

Kipas digunakan untuk mewujudkan sirkulasi udara, menghasilkan gas bertekanan tinggi dan menghasilkan tekanan negatif. Kipas yang digunakan terutama dibagi menjadi dua jenis, yaitu kipas sentrifugal dan kipas aliran aksial. Kipas aliran aksial umumnya hanya digunakan untuk ventilasi karena tekanan angin yang dihasilkan olehnya sangat kecil. Kipas sentrifugal adalah yang paling populer digunakan di *smelter*. Menurut tekanan angin yang dihasilkannya, kipas sentrifugal dapat dibagi menjadi tiga jenis berikut.

Kipas sentrifugal tekanan rendah: Tekanan angin $\leqslant 1$ kPa (tekanan alat ukur).

Kipas sentrifugal tekanan sedang: Tekanan angin adalah $1 - 3$ kPa (tekanan alat

Peralatan Metalurgi

ukur).

Kipas sentrifugal tekanan tinggi: Tekanan angin adalah 3 – 15 kPa (tekanan alat ukur).

Struktur dasar dan prinsip kerja kipas sentrifugal mirip dengan pompa sentrifugal tahap tunggal, ia juga adalah menggunakan gaya sentrifugal yang dihasilkan oleh putaran kecepatan tinggi impeller di rumah keong (*volute*) untuk meningkatkan tekanan gas dan membuangnya, seperti yang ditunjukkan pada Gambar 3 – 4.

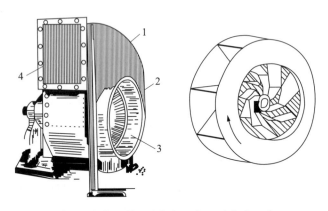

1. Cangkang; 2. *Impeller*; 3. Lubang isap; 4. Lubang buang.

Gambar 3 – 4   Kipas sentrifugal dan *impeller*

2) *Blower*

Blower yang umum digunakan adalah *blower* sentrifugal dan *blower* putar. *Blower* sentrifugal juga disebut *blower* turbin, yang struktur dasar dan prinsip kerjanya mirip dengan kipas sentrifuga. Pompa ini dicirikan dengan kecepatan putaran tinggi, perpindahan besar dan struktur sederhana. Namun, karena *blower* tahap tunggal hanya memiliki sebuah *impeller*, tidak mungkin menghasilkan tekanan angin yang besar (umumnya < 30 kPa), jadi *blower* sentrifugal dengan tekanan angin tinggi umumnya merupakan *blower* sentrifugal multi-tahap yang terdiri dari beberapa *impeller* yang terhubung secara seri.

Blower putar memiliki banyak jenis, yang paling umum adalah *blower Roots* yang prinsip kerjanya mirip dengan pompa roda gigi. Struktur *blower Roots* seperti yang ditunjukkan pada Gambar 3 – 5. Di dalam cangkangnya terdapat dua rotor berbentuk khusus, umumnya berbentuk pinggang atau segitiga. Celah antara kedua rotor dan antara rotor dan cangkang sangat kecil, sehingga rotor dapat berputar bebas tanpa kebocoran gas yang berlebihan. Kedua rotornya berputar berlawanan arah, sehingga gas dapat diisap dari satu sisi cangkang dan dibuang dari sisi lainnya. Fitur utama dari *blower Roots* adalah volume udaranya berbanding lurus dengan kecepatan putaran, yaitu ketika putarannya konstan, volume udara pada dasarnya tidak berubah ketika tekanan udara berubah. Selain itu, blo-

3 Peralatan Utama Hidrometalurgi

wer ini memiliki dicirikan dengan kecepatan putaran tinggi, tanpa katup, struktur sederhana, massa kecil, pelepasan udara secara seragam, dan rentang variasi volume udara yang besar ($2-500$ m^3/jam), tetapi efisiensinya rendah, dan efisensi volumetriknya umumnya antara $0,7-0,9$. Lubang keluar *blower Roots* harus dipasang dengan tangki pendatar (*surge tank*) dan katup pengaman, laju alirannya dapat disesuaikan dengan bypass, dan suhu operasinya tidak boleh melebihi 85 ℃, agar mencegah rotor tersangkut akibat pemuaian termal.

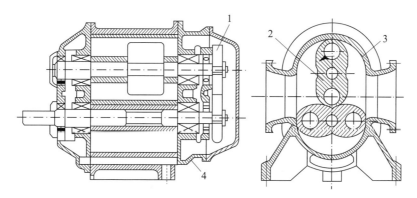

1. Roda gigi sinkron; 2. Rotor; 3. Silinder; 4. Pelat penutup.

Gambar 3 – 5   Diagram skema *blower roots*

3) Kompresor

Kompresor yang digunakan dalam produksi metalurgi terutama adalah kompresor bolak balik dan kompresor sentrifugal. Karena struktur dasar dan prinsip kerja kompresor sentrifugal persis sama dengan *blower* sentrifugal, jadi berikut ini hanya kompresor bolak balik yang akan diperkenalkan.

Struktur dan prinsip kerja kompresor bolak-balik mirip dengan pompa bolak-balik, yang terutama terdiri dari silinder, piston, katup isap dan katup buang. Yang ditunjukkan pada Gambar 3 – 6 adalah diagram skema kompresor silinder ganda aksi tunggal jenis vertikal. Di dalam badannya terdapat dua piston yang dihubungkan secara paralel, kedua piston ini terhubung pada engkol yang sama, dan katup isap serta katup buang berada di bagian atas silinder. Piston didorong oleh mekanisme *crank-connecting rod* untuk bergerak bolak-balik di dalam silinder. Karena gas dapat dikompresi dan memiliki densitas yang rendah, jadi untuk menghilangkan panas yang dihasilkan saat gas dikompresi, sirip pendingin harus dipasang pada dinding silinder untuk mendinginkan gas di dalam silinder.

4) Pompa vakum mekanis

Pompa vakum adalah alat yang mengekstruksi gas dari peralatan atau sistem sehingga tekanan absolutnya lebih rendah dari tekanan atmosfer, yang pada dasarnya juga merupakan kompresor gas, cuma tekanan lubang masuknya rendah dan tekanan lubang keluarnya

Peralatan Metalurgi

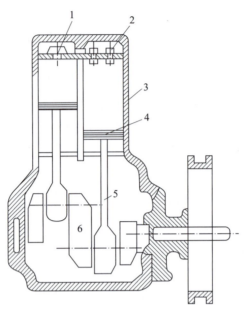

1. Katup buang; 2. Katup isap; 3. Silinder; 4. Piston; 5. Batang penghubung; 6. Engkol.

Gambar 3-6 Diagram skema kompresor silinder ganda aksi tunggal jenis vertikal

adalah tekanan normal. Pompa vakum memiliki banyak jenis, yang menurut tingkat kevakumannya dapat dibagi menjadi beberapa jenis berikut.

(1) Kevakuman rendah: Tekanan (absolut tekanan) adalah $10^5 - 10^2$ Pa. Misalnya pompa vakum basah, pompa vakum mekanis, pompa vakum jet, dll.

(2) Kevakuman sedang: Tekanan (absolut tekanan) adalah $10^2 - 0,1$ Pa. Misalnya pompa vakum mekanis, pompa vakum jet (pompa jet uap tahap tunggal, Gambar 3-7), dll.

(3) Kevakuman tinggi: Tekanan (absolut tekanan) adalah $0,1 - 10^{-5}$ Pa. Misalnya sistem pompa difusi-pompa vakum mekanis.

(4) Kevakuman super tinggi: Tekanan (absolut tekanan) adalah $<10^{-5}$ Pa. Misalnya sistem multi-tahap "pompa adsorpsi-pompa difusi-pompa vakum mekanis".

3.1.3 Instrumen

Laju aliran dan volume aliran fluida merupakan parameter yang penting dalam produksi industri. Aliran fluida seringkali perlu untuk disesuaikan dan dikontrol untuk memenuhi persyaratan tugas produksi, sehingga pengukuran aliran perlu dilakukan. Instrumen yang umum digunakan untuk mengukur aliran meliputi tabung pengukur kecepatan (tabung Pitot), meteran aliran pelat berlubang (*orifice meter*), meteran aliran Venturi, meteran aliran rotor (*rotameter*), dll.

3 Peralatan Utama Hidrometalurgi >>

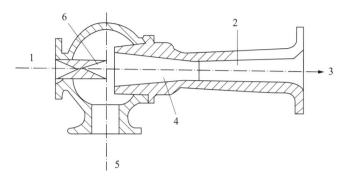

1. Uap kerja; 2. Pipa difusi; 3. Lubang keluar; 4. Ruang pencampur; 5. Lubang isap; 6. Nosel.
Gambar 3 – 7   Diagram skema pompa jet uap tahap tunggal

1) Tabung pengukur kecepatan

Tabung pengukur kecepatan disebut juga tabung Pitot (Gambar 3 – 8), yang terdiri dari dua selubung konsentris yang ditekuk 90 derajat dan satu tabung berbentuk U. Dinding dalam tabung tidak berlubang, celah pada ujung selubung disegel, dan tabung luarnya dilengkapi dengan sejumlah lubang kecil pengukur tekanan di sepanjang keliling dinding di dekat titik ujung. Untuk mengurangi kesalahan pengukuran akibat pusaran, ujung depan tabung pengukur biasanya dibuat dalam berbentuk setengah bulat. Saat mengukur, mulut tabung pengukur harus menghadap ke arah aliran fluida di dalam pipa, dan tabung dalam serta tabung luarnya masing-masing terhubung ke kedua ujung alat ukur tekanan diferensial yang berbentuk U.

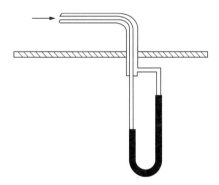

Gambar 3 – 8   Diagram skema tabung pengukur kecepatan

2) Meteran aliran pelat berlubang

Meteran aliran pelat berlubang merupakan meteran aliran jenis tekanan diferensial yang menggunakan perbedaan tekanan yang dihasilkan oleh fluida saat mengalir melewati elemen *throttling* untuk mengukur laju aliran. Seperti yang ditunjukkan pada Gambar 3 –

Peralatan Metalurgi

9, pelat berlubang, yaitu pelat logam yang berlubang di tengahnya berperan sebagai elemen *throttling* meteran aliran pelat berlubang. Dengan memasang pelat berlubang secara vertikal di dalam tabung, mengukur perbedaan tekanan antara ujung depan dan belakang pelat berlubang dengan metode pengambilan tekanan tertentu, dan menghubungkannya dengan alat ukur tekanan diferensial, sehingga meteran aliran pelat berlubang terbentuk.

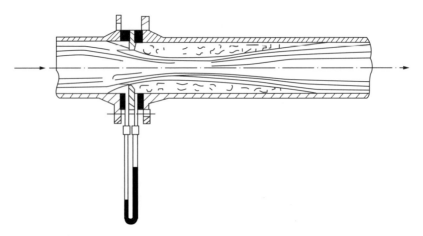

Gambar 3 – 9 Diagram skema meteran aliran pelat berlubang

3) Meteran aliran venturi

Kerugian utama dari meteran aliran pelat berlubang adalah kehilangan energi yang besar. Untuk mengurangi kehilangan energi, meteran aliran Venturi dapat digunakan, yaitu menggantikan pelat berlubang dengan bagian pipa yang meruncing kemudian melebar, seperti yang ditunjukkan pada Gambar 3 – 10. Ketika fluida mengalirinya, karena penampang yang kemudian meruncing kemudian melebar, laju alirannya tidak banyak berubah dan lebih sedikit pusaran terbentuk, sehingga kehilangan energinya sangat berkurang dibandingkan dengan meteran aliran pelat berlubang. Prinsip pengukuran meteran aliran Venturi sama dengan meteran aliran pelat berlubang, dan juga merupakan meteran aliran jenis tekanan diferensial.

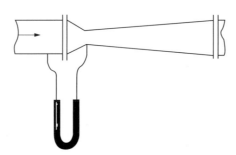

Gambar 3 – 10 Diagram skema meteran aliran venturi

4) Meteran aliran rotor

Struktur meteran aliran rotor adalah seperti yang ditunjukkan pada Gambar 3 - 11, terutama terdiri dari tabung kaca yang meruncing ke bawah dan rotor padat yang kerapatannya lebih besar dari fluida yang diukur di dalam tabung. Fluida masuk dari bagian bawah tabung kaca, melewati celah antara rotor dan dinding tabung, dan mengalir keluar dari bagian atas. Ketika tidak ada fluida melewati tabung, rotor tenggelam ke dasar tabung. Ketika fluida yang akan diukur mengalir melewati celah antara rotor dan dinding tabung pada aliran tertentu, karena menurunnya luas penampang saluran aliran dan meningkatnya laju aliran, tekanan mesti akan berkurang, sehingga terbentuknya perbedaan tekanan pada permukaan ujung atas dan bawah rotor, dan rotor "mengapung" di bawah aksi perbedaan tekanan ini. Saat rotor mengapung ke atas, luas celah berangsur-angsur meningkat dan laju aliran berkurang, sehingga perbedaan tekanan pada kedua ujung rotor

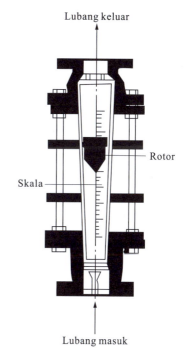

Gambar 3 - 11   Diagram skema meteran aliran rotor

juga berkurang secara bertahap. Ketika rotor mengapung hingga ketinggian tertentu, gaya angkat yang dihasilkan dari perbedaan tekanan antara kedua ujung rotor persis sama dengan berat rotor, sehingga rotor tidak lagi naik dan tersuspensi pada ketinggian ini.

3.2 Reaktor Pencampur Hidrometalurgi

Reaktor pencampur hidrometalurgi terbagi menjadi dua jenis, yaitu reaktor pencampur-pengaduk hidrometalurgi dan reaktor tabung. Proses utama dalam operasi pencampuran dan pengadukan hidrometalurgi adalah memasukkan cairan ke dalam sebuah wadah, dan mengaduk cairan dengan *impeller* putar (pengaduk) yang terrendam dalam cairan atau sarana lain untuk mewujudkan pencampuran yang seragam antara dua atau lebih bahan dan mempercepat perpindahan panas dan proses perpindahan massa. Perangkat yang digunakan untuk menyelesaikan proses pencampuran ini disebut eaktor pencampur-pengaduk hidrometalurgi. Reaktor pencampur-pengaduk hidrometalurgi dapat dibagi lagi menjadi dua jenis: Satunya adalah reaktor pencampur-pengaduk mekanis, yang menggunakan impeller

Peralatan Metalurgi

(pengaduk) untuk memutar dan mengaduk cairan untuk mencapai pengadukan dan pencampuran; dan yang lain adalah yang menggunakan aliran fluida untuk mengaduk bahan untuk mencapai pengadukan dan pencampuran, misalnya reaktor pencampur aliran gas.

3.2.1 Tangki Pelindian (*Leaching Tank*)

Proses pelindian mineral sangat penting dalam proses produksi hidrometalurgi, yang biasanya meliputi langkah-langkah: penggilingan bahan baku, klasifikasi, pelindian, dan pemisahan cair-padat pulp. Peralatan pelindian biasanya meliputi peralatan pelindian pengadukan, peralatan pelindian tekanan tinggi, peralatan pelindian perkolasi, dll.

1) Tangki pelindian pengadukan makanis

Diagram skema struktur tangki pelindian pengadukan makanis seperti yang ditunjukkan pada Gambar 3 – 12, yang terutama terdiri dari tubuh tangki, sistem pemanas, dan sistem pengaduk.

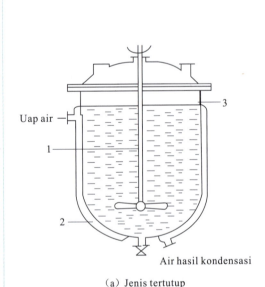

(a) Jenis tertutup

1. Pengaduk; 2. Jaket; 3. Tubuh tangki.

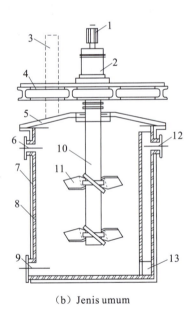

(b) Jenis umum

1. Perangkat transmisi; 2. Kotak roda gigi; 3. Lubang ventilasi; 4. Braket jembatan; 5. Tutup tangki; 6. Saluran masuk; 7. Tubuh tangki; 8. Ubin keramik tahan asam; 9. Lubang kuras; 10. Poros pengaduk; 11. Pengadukan *blade*; 12. Saluran keluar; 13. Lubang keluar.

Gambar 3 – 12 Diagram skema struktur tangki pelindian pengadukan makanis

2) Tangki pelindian pengadukan udara

Diagram skema struktur tangki pelindian pengadukan udara seperti yang ditunjukkan pada Gambar 3 – 13. Sebuah tabung ditempatkan di tengah tangki dengan kedua ujungnya terbuka, udara terkompresi dimasukkan dari bagian bawah tabung ini. Dengan naiknya gelembung udara di sepanjang tabung, *pulp* disedot masuk dari bagian bawah tabung, kemudian mengalir keluar dari ujung atas tabung, dan mengalir ke bawah di luar tabung, demikian berulang. Dibandingkan dengan tangki pelindian pengadukan mekanis, tangki pelindian pengadukan udara dicirikan dengan struktur sederhana, perawatan dan pengoperasian yang mudah, dan kondusif untuk reaksi antara fase gas-cair atau gas-cair-padat, tetapi konsumsi daya dinamisnya agak besar, sekitar 3 kali lipat dari tangki pelindian pengadukan mekanis. Peralatan ini sering digunakan dalam pelindian logam mulia.

3) Alat pelindian pipa

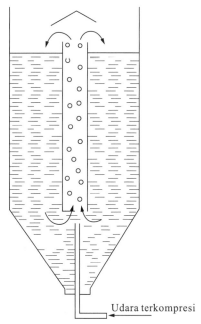

Gambar 3 – 13   Diagram skema tangki pelindian pengadukan udara

Prinsip kerjanya ditunjukkan pada Gambar 3 – 14. Pulp campuran dimasukan ke dalam pipa reaksi dengan kecepatan yang relatif cepat (0, 5-5 m/dtk) oleh pompa diafragma. Ada alat pemanas disediakan di luar pipa reaksi untuk memanaskan pulp, dan di bagian depan pipa reaksi, limbah panas dari pulp setelah bereaksi terutama digunakan untuk memanaskan jaket, dan bagian belakang pipa dipanaskan dengan uap bertekanan tinggi hingga suhu tertinggi yang diperlukan untuk pelindian. Oleh karena itu, suhu pulp meningkat secara bertahap selama proses melewati pipa sehingga bereaksi. Ciri-ciri reaktor pipa adalah, karena pulp mengalir cepat, bagian dalam pipa mengalami keadaan sangat turbulen, jadi efek perpindahan massa dan perpindahan panasnya baik, dan suhunya tinggi, sehingga efisiensi pelindiannya tinggi, dan waktu reaksinya umum jauh lebih singkat dari waktu pengadukan dan pelindian.

4) Menara pelindian fluidisasi

Prinsip kerjanya ditunjukkan pada Gambar 3 – 15. Mineral mentah dimasukkan ke dalam menara pelindian melalui lubang pengumpan, dan larutan agen pelindian dimasukkan ke menara secara terus menerus melalui nosel, karena kecepatan linier di dalam menara melebihi kecepatan kritis, bahan padat mengalami fluidisasi sehingga membentuk unggun

Peralatan Metalurgi

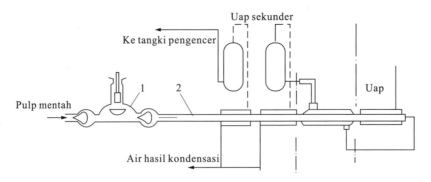

1. Pompa diafragma; 2. Pipa reaksi.

Gambar 3 – 14   Diagram skema prinsip kerja alat pelindian pipa

terfluidakan. Dan karena kondisi perpindahan massa dan panas yang baik antara dua fase di unggun, berbagai reaksi pelindian terjadi dengan cepat. Ketika cairan hasil pelindian mengalir ke bagian yang melebar, laju alirannya turun hingga lebih rendah dari kecepatan kritis, sehingga partikel padat diendapkan, dan cairan yang bersih mengalir keluar dari lubang pelimpah. Agar suhu pelindian terjamin, menara ini dapat mengadopsi jaket untuk pemanasan dengan uap, atau dapat melakukan pemanasan dengan cara lainnya.

5) Ketel reaksi

Kecepatan pelindian umumnya meningkat secara signifikan dengan naiknya suhu, dan beberapa proses pelindian perlu dilakukan di atas titik didih larutan. Untuk beberapa proses pelindian dimana reaksinya melibatkan gas, peningkatan tekanan reaktan gas bermanfaat untuk proses pelindian, sehingga proses

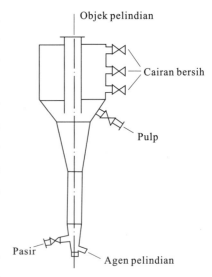

Gambar 3 – 15   Diagram skema prinsip kerja menara pelindian fluidisasi

tersebut dilakukan di bawah tekanan tinggi, yang disebut pelindian bertekanan tinggi atau pelindian bertekanan. Pelindian bertekanan tinggi dilakukan dalam autoklaf, yang prinsip kerja dan strukturnya serupa dengan tangki pelindian pengadukan mekanis, tetapi diharuskan mampu menahan tekanan tinggi dan disegel dengan baik. Menurut peralatan yang digunakan, proses pelindian ini dapat diklasifikasikan sebagai pelindian pengadukan mekanis. Ada dua jenis autoklaf, yaitu autoklaf vertikal dan autoklaf horizontal. Struktur autoklaf horizontal adalah seperti yang ditunjukkan pada Gambar 3 – 16, dan bahannya mirip dengan tangki pengadukan mekanis tersebut. Umumnya, tangki pelindian dibagi menjadi beberapa ruang, setiap ruang memiliki pengaduk sendiri dan pulp terus menerus meluap melewati setiap ruang.

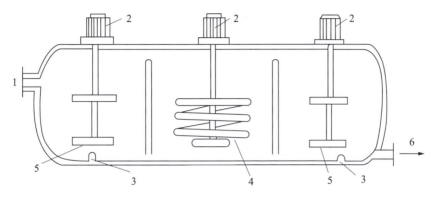

1. Lubang pemuat; 2. Pengaduk dan motor; 3. Lubang masuk oksigen; 4. Pipa pendingin; 5. *Impeller*; 6. Lubang pelepas.

Gambar 3 – 16　Diagram skema struktur autoklaf horizontal

3.2.2　Tangki Pembersihan

Peralatan yang terutama digunakan dalam proses pembersihan adalah tangki pembersihan, termasuk tangki pembersihan fluidisasi dan tangki pengadukan mekanis.

1) Tangki pembersihan fluidisasi

Pabrik hidrometalurgi seng sering menggunakan tangki pembersihan jenis fluidisasi terus menerus (Gambar 3 – 17) untuk menghilangkan tembaga dan kadmium. Serbuk seng ditambahkan dari tabung *draft* di bagian atas, larutan dimasukkan dari saluran masuk di bagian bawah di sepanjang arah tangensial, kemudian naik secara spiral di dalam tangki dan bergerak berlawanan arah dengan serbuk seng, sehingga membentuk efek pengadukan yang kuat di unggun terfluidakan untuk mempercepat reaksi perpindahan. Peralatan tersebut memiliki keunggulan seperti struktur sederhana, operasi berkesinambungan, penguatan proses, kapasitas produksi besar, masa pakai lama, kondisi kerja yang baik, dll.

2) Tangki pembersihan pengadukan mekanis

Umumnya, tangki pembersihan pengadukan mekanis memiliki volume antara 50 – 100 m^3, tetapi sekarang tangki pemurnian cenderung diperbesar, ada yang dengan volume 150 m^3 dan 220 m^3. Tubuh tangki dapat terbuat dari kayu, baja nirkarat dan beton bertulang. Pengaduk di dalam tangki terbuat dari baja nirkarat, dan kecepatan putarannya adalah 45 – 140 r/min. Tangki pembersihan pengadukan mekanis dapat dioperasikan secara terpisah dan terputus-putus, atau beberapa tangki dapat disusun secara bertingkat atau dihubungkannya dengan sifon untuk membentuk operasi berkesinambungan. Diagram struktur tang-

Peralatan Metalurgi

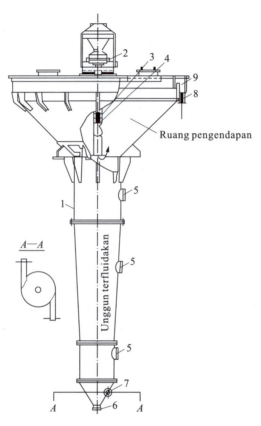

1. Tubuh tangki; 2. Piringan pengumpan; 3. Pengaduk; 4. Silinder pemuat; 5. Lubang intip; 6. *Taphole*;
7. Saluran masuk; 8. Saluran keluar; 9. Lubang pelimpah.

Gambar 3 – 17　Diagram skema tangki pembersihan fluidisasi

ki pembersihan pengadukan mekanis seperti yang ditunjukkan pada Gambar 3 – 12(b).

3.2.3　Pencampur-Pengendap (*Mixer-Settler*)

　　Peralatan ekstraksi yang digunakan dalam hidrometalurgi hampir semuanya adalah pencampur-pengendap, yang struktur dasar serta prinsip kerjanya masing-masing seperti yang ditunjukkan pada Gambar 3 – 18 dan Gambar 3 – 19. Terlihat dari Gambar 3 – 18, bagian di sisi kanan adalah kompartemen pencampur untuk pencampuran dua fase, di bawahnya adalah dasar palsu. Fase air masuk ke bawah dasar palsu kompartemen pencampur dari saluran masuk kanan, sedangkan fase organik masuk dari saluran masuk fase organik. Cairan campuran dua fase (biasa disebut fase campuran) yang dibentuk dengan pengadukan melewati lubang pelimpah dan dipandu oleh pelat penyekat untuk masuk ke kompartemen pengendap, dan dipisahkan fase di bawah aksi gravitasi. Setelah pemisahan, fase organik mengalir ke arah ekor tangki dan mengalir ke ruang fase air dari atas bendung pelimpah, dan akhirnya mengalir keluar melalui bendung pelimpah. Pengaduk juga berperan sebagai pompa untuk memompa cairan, yang menjadi daya penggerak dua fase untuk mengalir di setiap tahap, sehingga fase organik dan fase air dapat mengalir berlawanan arah di setiap tahap. Pencampur-pengendap memiliki keunggulan seperti mudah untuk diperbesar, kestabilan operasi yang baik, dan dapat dibangun dengan berbagai bahan. Kerugiannya adalah menempati area yang luas dan memiliki jumlah akumulasi cairan yang besar.

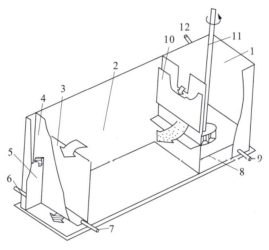

1. Kompartemen pencampur; 2. Kompartemen pengendap; 3. Bendung pelimpah; 4. Pelat penyekat ruang fase air; 5. Bendung fase air; 6. Saluran keluar fase air; 7. Saluran keluar fase organik; 8. Dasar palsu; 9. Saluran masuk fase air; 10. Pelat ppenyekat fase campuran; 11. Pengaduk; 12. Saluran masuk fase organik.

Gambar 3 – 18   Struktur dasar pencampur-pengendap

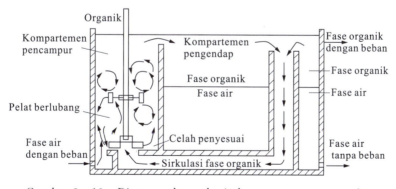

Gambar 3 – 19   Diagram skema kerja kompartemen pengendap

3.3 Peralatan Pemisah Cair-padat

Proses hidrometalurgi pada dasarnya adalah untuk secara bertahap memisahkan logam

Peralatan Metalurgi

berharga dari bahan, dan produk yang diperoleh darinya umumnya merupakan campuran padat-cair. Misalnya, produk yang diperoleh setelah pelindian mineral mentah (atau bahan sekunder dari metalurgi) adalah campuran padat-cair, yaitu pulp. Untuk mencapai tujuan akhir, campuran ini harus dipisahkan, yaitu memisahkan pengotor dari logam induk. Pemisahan cair-padat bertujuan untuk memisahkan fase padat dan fase cair dari suatu campuran. Metode pemisahan cair-padat yang digunakan dalam proses produksi yang sebenarnya agak banyak, yang menurut prinsip kerjanya dapat dibagi menjadi dua kategori: konsentrasi dan filtrasi.

Konsentrasi adalah proses untuk mengklarifikasi larutan dengan memanfaatkan kerapatan benda padat dan cair yang berbeda, dimana partikel padat dalam pulp mengendap dari media larutan di bawah aksi gravitasi. Fase padat yang diperoleh setelah konsentrasi masih berupa lumpur kental dengan rasio cair-padat $(2-4)/1$, dan beberapa larutan supernatan juga mengandung sedikit zat tersuspensi, sehingga konsentrasi cuma merupakan langkah awal untuk pemisahan cair-padat pulp. Pengendapan dengan konsentrasi dibagi menjadi dua jenis, yaitu: Pengendapan gravitasi dan pengendapan sentrifugal, dimana peralatan tipikal yang digunakan dalam pengendapan gravitasi adalah pengendal (*thickener*).

3.3.1 Pengendal

Pengental merupakan peralatan industri yang meningkatkan konsentrasi lumpur tebal dan memperoleh cairan yang diklarifikasi seluruhnya melalui proses pengendapan, terutama terdiri dari tubuh tangki, lengan penggaruk (*rake arm*), perangkat transmisi, perangkat pengangkat dan komponen lainnya. Menurut cara transmisi yang berbeda, pengental dibagi menjadi pengental transmisi pusat dan pengental transmisi periferal, dimana pengental transmisi periferal digunakan untuk konsentrasi yang berdiameter besar. Dan menurut bentuk tangki, pengental dibagi lagi menjadi dua jenis: pengental dasar kerucut dan pengental dasar miring, dimana pengental dasar kerucut paling banyak digunakan dalam proses produksi. Struktur dan proses konsentrasi pengental dasar kerucut jenis transmisi pusat adalah seperti yang ditunjukkan pada Gambar 3 – 20.

3.3.2 Hidrosiklon

Hidrosiklon adalah peralatan yang memisahkan dua fase padat-cair dalam suspensi berdasarkan prinsip pengendapan sentrifugal, yang juga dapat digunakan sebagai peralatan klasifikasi. Seperti yang ditunjukkan pada Gambar 3 – 21, hidrosiklon terdiri dari bagian silinder dan bagian kerucut. Di bagian atas silinder ada pipa pengumpan untuk memasukkan pulp di sepanjang arah tangensial, lubang pelimpah disediakan di tengah silinder, dan

3 Peralatan Utama Hidrometalurgi

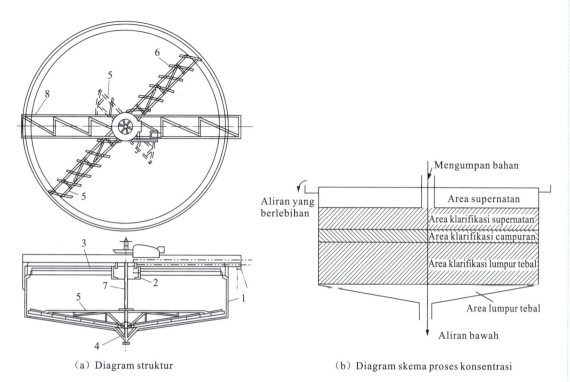

(a) Diagram struktur (b) Diagram skema proses konsentrasi

1. Tubuh tangki melingkar; 2. Lubang pengumpan; 3. Bendung pelimpah; 4. Kerucut pembongkar; 5. Penggaruk (*rake*); 6. Sudu; 7. Poros vertikal; 8. Rangka.

Gambar 3 – 20 Diagram skema struktur dan proses konsentrasi pengental dasar kerucut jenis transmisi pusat

taphole diatur di ekor kerucut. Setelah dimasukkan, bubur berputar dengan kecepatan tinggi di bagian silinder, dan bergerak melingkar di sepanjang dinding silinder sambil bergerak ke bawah, dan partikel-partikel padat mengalami gaya sentrifugal yang lebih besar selama berputar karena kepadatannya lebih besar dari cairan. Partikel-partikel bergerak ke bawah sepanjang dinding hidrosiklon untuk mencapai taphole, dan dibuang sebagai aliran bawah (*underflow*), sedangkan cairan bersih dibuang dari lubang pelimpah di tengah atas. Ciri-ciri hidrosiklon adalah memiliki diameter silinder yang kecil dan bagian kerucut yang panjang, silinder dengan diameter yang kecil konduksif untuk meningkatkan gaya sentrifugal inersia dan kecepatan pengendapan, selain itu, perpanjangan bagian kerucut dapat memperpanjang perjalanan aliran cairan, sehingga memperpanjang waktu tinggal suspensi di dalam hidrosiklon.

3.3.3 Peralatan Filter

Proses pengendapan gravitasi memakan waktu lama, sehingga tidak cocok untuk be-

Peralatan Metalurgi

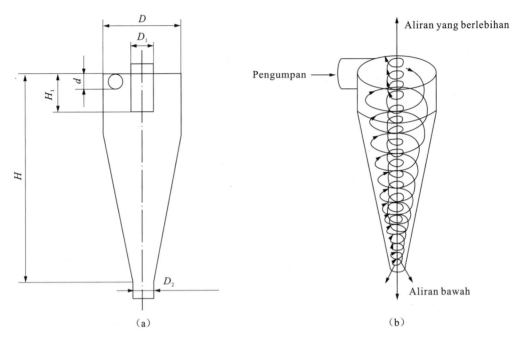

D. Diameter silinder; D_1. Diameter tabung pusat; d. Diameter tabung; H. Tinggi pusat;
H_1. Tinggi hidrosiklon; D_2. Diameter saluran keluar bawah kerucut.

Gambar 3 – 21　Diagram skema struktur hidrosiklon

berapa bahan yang memerlukan pemisahan cair-padat tepat waktu, dan cairan yang diperoleh dari pemisahan dengan pengendapan gravitasi memiliki lebih banyak partikel padat yang tersuspensi, sedangkan proses filtrasi memungkinkan pemisahan suspensi menjadi lebih cepat dan lebih menyeluruh. Filtrasi adalah proses yang menggunakan zat yang berpori-pori kapiler sebagai media untuk membentuk perbedaan tekanan antara kedua sisi media, sehingga menghasilkan gaya dorong yang memungkinkan cairan melewati pori-pori kecil, sedangkan padatan tersuspensi tertinggal pada permukaan media. Peralatan filter dapat dibagi menjadi filter tekanan (*filter press*), filter sentrifugal dan filter vakum sesuai dengan gaya dorongnya. Filter yang umum terlihat termasuk varietas berikut ini.

1) *Filter press* pelat dan bingkai

Filter press pelat dan bingkai merupakan filter *batch* yang paling banyak digunakan. Filter press pelat-bingkai yang umum terdiri dari sejumlah pelat *filter* yang bergaris cekung dan cembung dan bingkai filter berongga yang disusun secara bergantian. Ada kain filter disediakan di antara setiap pelat filter dan bingkai filter, yang membagi *filter press* menjadi beberapa ruang filter yang terpisah, dan dengan sekrup kepala diputar, pelat dan bingkai dihubungkan erat, seperti yang ditunjukkan pada Gambar 3 – 22. Filter press pelat dan bingkai terutama terdiri dari perangkat penekan, pelat kepala, bingkai filter, pelat fil-

3 Peralatan Utama Hidrometalurgi

ter, kain filter, pelat ekor, pemisah pelat, braket, dll. Pelat filter dan bingkai filter umumnya berbentuk bujur sangkar, dan ada lubang lingkaran disediakan pada semua ujung sudut pelat dan bingkai, yang akan membentuk saluran setelah dirakit dan dikompresi untuk dialiri bubur, filtrat, atau larutan pembersih.

Bila *filter press* pelat dan bingkai bekerja, cairan mentah dimasukkan ke bingkai filter dari lubang-lubang pada bingkai filter di bawah aksi tekanan, filtrat melewati kain filter yang menempel pada pelat filter, kemudian keluar dari lubang-lubang kecil pada pelat di sepanjang garis-garis cengkung pada pelat, dan residu filter yang dihasilkan tertinggal di dalam bingkai sehingga membentuk kue filter. Jika bingkai filter dipenuhi dengan residu filter, sekrup kepala dapat dikendurkan untuk mengeluarkan bingkai filter dan menghilangkan kue filter, dan bingkai filter dan kain filter yang dilepas perlu dibersihkan dan dirakit kembali untuk penyaringan berikutnya.

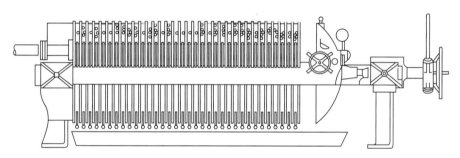

Gambar 3 - 22　Diagram skema struktur *filter press* pelat dan bingkai

2) *Filter press* ruang

Filter press ruang memiliki prinsip kerja yang sama dengan *filter press* pelat dan bingkai, penampilannya juga mirip, tapi cuma struktur ruang filternya berbeda. Struktur *filter press* ruang otomatis seperti yang ditunjukkan pada Gambar 3 - 23, yang terutama terdiri rakitan pelat ekor, pelat filter, balok utama dan perangkat penarik pelat, perangkat penggetar, rakitan pelat kepala, perangkat penekan, tangki pengumpul filtrat, kain filter dan sistem hidrolik. *Filter press* ruang menggantikan bingkai filter dengan membuat permukaan pelat filter yang berbentuk prisma menjadi cekung ke dalam, yaitu, menggabungkan fungsi pelat filter dan bingkai filter dari *filter press* pelat dan bingkai.

Ketika *filter press* ruang bekerja, pertama-tama pelat filter ditekan erat untuk menutup pelat filter untuk membentuk ruang filter. Bubur melewati lubang tengah kemudian masuk ke ruang filter. Ruang filter di antara pelat-pelat dihubungkan secara seri. Pelat filter ditutup dengan kain filter yang memilik lubang tengah, dan kain filter harus ditetapkan pada pelat melalui lubang pengumpan tengah atau dijahit dengan lubang tengah kain filter yang berada di ruang yang berdekatan. Bubur dipompa masuk oleh pompa pengumpan, fil-

Peralatan Metalurgi

trat melewati kain filter, mengalir melalui alur-alur kecil pada pelat filter dan mencapai saluran keluar di sudut bawah pelat filter untuk dibuang. Saat kecepatan filtrasi menurun hingga nilai tertentu, opearsi pemompaan perlu dihentikan. Sesuai dengan kebutuhan, kue filter dapat dicuci dan dikeringkan, kemudian menarik buka pelat filter agar melepaskan kue filter dengan beratnya sendiri atau dengan perangkat pelepas.

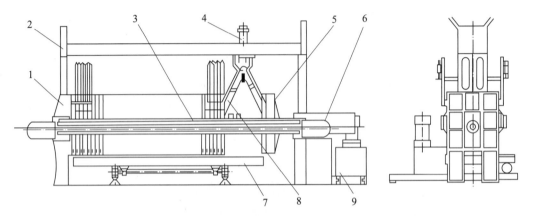

1. Rakitan pelat ekor; 2. Pelat filter; 3. Balok utama dan perangkat penarik pelat; 4. Perangkat penggetar; 5. Rakitan pelat kepala; 6. Perangkat penekan; 7. Tangki pengumpul filtrat; 8. Kain filter; 9. Sistem hidrolik.

Gambar 3 - 23   Diagram skema *filter press* ruang otomatis

3) Filter sentrifugal

Filter sentrifugal memisahkan fase padat dan fasecair dengan gaya sentrifugal yang dihasilkan oleh putaran mekanis, fase cair dan fase padat yang akan dipisahkan tidak diharuskan memiliki perbedaan kepadatan, sehingga dapat digunakan untuk pemisahan suspensi atau emulsi yang sulit dipisahkan dengan cara umum. Keranjang filter dari filter sentrifugal memiliki lubang-lubang yang tersebar secara merata, dan dinding bagian dalam drum ditutupi dengan kain filter. Suspensi dimasukkan ke dalam drum dan berputar bersamanya, dengan demikian cairan dibuang oleh gaya sentrifugal, sedangkan partikel-partikel terperangkap di dalam mangkuk. Proses penyaringan sentrifugal meliputi lima tahap, yaitu pengumpanan, penyaringan, pencucian, pengeringan dan pelepasan kue filter. Saat ini, flilter sentrifugal yang lebih luas digunakan di Tiongkok adalah centrifuge penyaringan tiga kolom, seperti yang ditunjukkan pada Gambar 3 - 24. Drum centrifuge ini didukung secara vertikal pada tiga batang suspensi yang dilengkapi dengan pegas penyangga untuk mengurangi pergeseran pusat gravitasi akibat opearsi pengumpanan atau alasan lainnya.

4) Filter vakum

Kedua sisi permukaan filter dari filter vakum dikenakan tekanan yang berbeda, sisi yang bersentuhan dengan bubur dikenakan tekanan atmosfer, sedangkan sisi belakang permukaan filter dihubungkan dengan sumber vakum dan diberikan tekanan negatif oleh per-

3 Peralatan Utama Hidrometalurgi

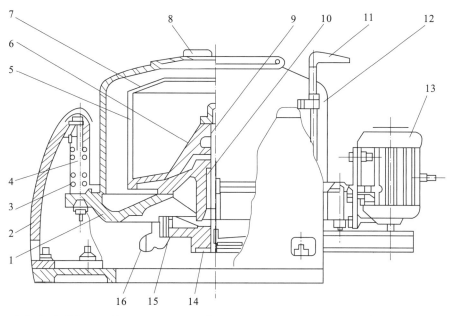

1. Sasis; 2. Kolom; 3. Pegas penyangga; 4. Batang suspensi; 5. Drum; 6. Dasar drum; 7. Pelat penyekat cairan; 8. Tutup; 9. Poros utama; 10. Alas bantalan; 11. Pegangan rem; 12. Cangkang; 13. Motor; 14. Sabuk segitiga; 15. Roda rem; 16. Lubang keluar filtrat.

Gambar 3 – 24 Diagram skema flilter sentrifugal tiga kolom (pembongkaran dari bagian atas)

alatan vakum (pompa vakum atau pompa jet) sehingga membentuk gaya isap, yang memungkinkan partikel-partikel padat dalam filtrat melewati kain filter dan membentuk kue filter pada permukaannya, dengan demikian proses pemisahan cair-padat selesai. Dibandingkan dengan peralatan penyaring bertekanan, filter vakum memiliki gaya dorong yang jauh lebih kecil. Filter vakum yang umum digunakan dalam hidrometalurgi meliputi filter vakum drum, filter vakum cakram, filter vakum sabuk, dll., dimana yang paling banyak digunakan adalah filter vakum drum.

Filter vakum drum adalah sejenis filter kontinu, yang dicirikan dengan kapasitas produksi yang kuat, tingkat mekanisasi yang tinggi, dan kemampuan beradaptasi yang kuat terhadap bahan. Filter vakum kontinyu yang paling banyak digunakan adalah filter vakum drum jenis pelepasan pengikis (*scraper discharge*), yang termasuk dalam peralatan pengumpan samping jenis penyaringan eksternal. Filter vakum drum jenis pelepasan pengikis terutama terdiri dari drum, tangki penyimpanan bubur, perangkat pengaduk, kepala distribusi, perangkat penggulung kawat, dan sistem transmisi, seperti yang ditunjukkan pada Gambar 3 – 25.

Peralatan Metalurgi

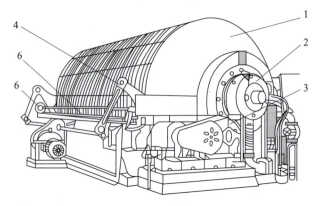

1. Drum; 2. Kepala distribusi; 3. Sistem transmisi; 4. Perangkat pengaduk;
5. Tangki penyimpanan bubur; 6. Perangkat penggulung kawat.

Gambar 3 - 25   Diagram skema struktur filter vakum drum jenis pelepasan pengikis

3.4 Peralatan Elektrolisis

Kandungan pengotor dari logam hasil beberapa proses pirometalurgi mungkin tidak memenuhi persyaratan kami untuk penggunaan logam tersebut, seringkai proses pemurnian elektrolisis akan dilakukan untuk penghilangan lebih lanjut pengotor, agar mendapatkan logam dengan kemurnian yang lebih tinggi. Peralatan utama untuk proses pemurnian elektrolisis atau elektrodeposisi adalah sel elektrolisis, termasuk juga peralatan tambahan seperti sistem catu daya dan sistem sirkulasi elektrolit untuk sel elektrolisis. Di antaranya, sistem catu daya meliputi transformator, penyearah, saluran transmisi, dll., dan sistem sirkulasi elektrolit termasuk pemanas atau pendingin, tangki penyimpanan, pompa dan pipa, dll. Selain itu, disertai juga peralatan bantu elektrolisis yang penting lainnya seperti unit pembentuk elektroda pelat, unit penyiapan elektroda pelat, mesin pengupasan katoda, dll.

3.4.1 Sel Elektrolisis

Sel elektrolisis larutan berair berbentuk persegi panjang, terbuka (tanpa tutup), biasanya terbuat dari beton bertulang, yang dapat dicor di tempat dalam satu baris atau dipracetak secara terpisah (sel tunggal). Dalam beberapa tahun terakhir, sel integral polietilen yang baru telah digunakan secara luas. Sel elektrolisis dipasang pada balok beton bertulang, untuk mencegah elektrolit yang menetes menyebabkan balok korosi dan arus bocor, pelat pelindung PVC lunak setebal 3 - 4 mm yang 200 - 300 mm lebih lebar dari setiap pinggir balok diletakkan pada balok, dan di empat sudut bagian bawah sel diletakkan dengan ubin keramik dan papan plastik untuk isolasi. Ada beberapa lubang pendeteksi kebocoran disediakan pada bagian bawah sel elektrolisis, yang dapat digunakan untuk memeriksa apakah lapisan dalam sel rusak.

Bagian dalam sel elektrolisis dilapisi dengan ubin keramik atau pelat plastik; dinding sisi panjang sel dilengkapi dengan busbar, dan padanya katoda dan anoda yang tergantung pada batang konduktif digantung secara bergantian dan paralel. Menurut metode sirkulasi elektrolit yang berbeda, ada berbagai bentuk pipa masuk cairan disediakan di dalam sel, dan pelat pemisah disediakan di ujung keluar cairan untuk menyesuaikan level cairan, dan saluran keluar cairan disediakan di luar sel. Ada satu atau dua corong pelepas cairan di pasang pada bagian bawah sel elektrolisis untuk melepaskan lumpur anoda atau elektrolit. Sumbat corong terbuat dari keramik tahan asam atau timbel keras, dan ada cincin karet tertanam di tengahnya untuk penyegelan, agar mencegah kebocoran.

Biasanya, beberapa sel elektrolisis disusun dalam satu baris, dan celah isolasi selebar 20 - 40 mm harus dicadangkan di antara dua sel elektrolisis yang berdekatan untuk mencegah terjadi hubung singkat antar sel dan kebocoran arus listrik. Lebar sel elektrolisis umumnya ditentukan oleh ukuran pelat katoda yang digunakan, dan panjangnya ditentukan oleh jumlah pelat katoda dan pelat anoda per sel, dan celah antar elektroda. Struktur beberapa sel elektrolisis larutan berair yang umum digunakan ditunjukkan pada Gambar 3 - 26 hingga Gambar 3 - 29.

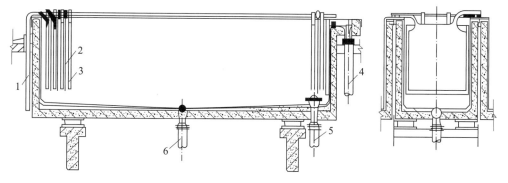

1. Pipa masuk; 2. Anoda; 3. Katoda; 4. Pipa keluar; 5. Pipa pelepas; 6. Pipa lumpur anoda.

Gambar 3 - 26   Diagram struktur sel elektrolisis tembaga

Peralatan Metalurgi

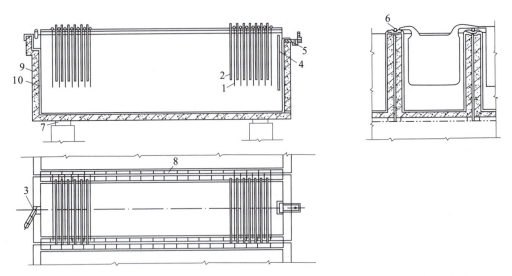

1. Katoda; 2. Anoda; 3. Pipa masuk; 4. Tangki pelimpah; 5. Pipa pengembalian; 6. Batang konduktif antar sel; 7. Ubin keramik isolasi; 8. Ubin antar sel; 9. Badan sel; 10. Lapisan mortar aspal.

Gambar 3 – 27　Diagram struktur sel elektrolisis Timah

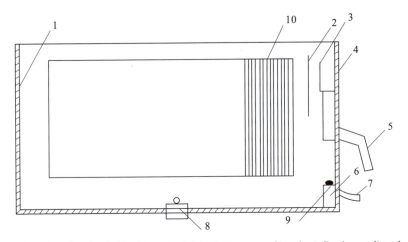

1. Badan sel (pelat plastik dilapisi rangka baja); 2. Kantong pelimpah; 3. Bendung pelimpah; 4. Kotak pelimpah; 5. Pipa pelimpah; 6. Kotak supernatan; 7. Pipa pelimpah supernatan; 8. Sumbat bawah; 9. Sumbat timbel supernatan; 10. Bingkai pemandu.

Gambar 3 – 28　Diagram struktur sel elektrolisis seng

3.4.2　Penyearah

Arus bolak-balik (AC) yang digunakan dalam kehidupan dan produksi perlu diubah menjadi arus searah (DC) melalui penyearah sebelum dapat digunakan untuk produksi logam secara elektrolisis di sel elektrolisis larutan berair. Penyearah umumnya memiliki model tetap, pabrik elektrolisis perlu memilih model dan jumlah unit penyearah sesuai dengan tegangan dan arus aktual yang dipakai dalam produksi sendiri saat ini. Dengan mempertimbangkan koefisien margin, peralatan rektifikasi dapat dipilih sesuai intensitas arus teoretis yang dipilih dan tegangan sel yang dihitung.

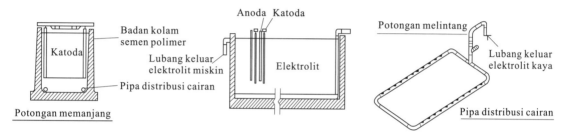

Gambar 3 – 29 Struktur sel elektrolisis besar dan distribusi cairan